设计公开课

图解室内外空间设计的尺寸设定

刘 群 等编著

本书以图解的方式系统地阐述了室内外空间设计的尺寸界限、人体尺度感及空间设计形式。为了加深读者对空间尺寸的了解，在本书中重要部位用图引的方式，进行详细尺寸分析。此外，还对空间的分隔与联系，空间的组织，空间与形状、色彩、采光、质感之间的相互关系等做了介绍。本书共分为6章，从人体对空间的需求度，空间的大小、色彩、设计形式等角度，讲解了尺寸给人体带来的视觉、触觉以及心理上的直观感受，同时以现实生活案例的方式，帮助各位读者加深对室内外空间设计尺寸的知识巩固，让读者对空间尺寸的概念及设计方法有更深刻的理解。本书可作为室内外设计师、建筑师、景观设计师的参考用书，也可作为高等院校的教学用书，还可作为行业爱好者的自学辅导用书。

图书在版编目（CIP）数据

图解室内外空间设计的尺寸设定 / 刘群等编著. —北京：机械工业出版社，2018.12
（设计公开课）
ISBN 978-7-111-61854-6

Ⅰ.①图… Ⅱ.①刘… Ⅲ.①建筑设计—环境设计—图解 Ⅳ.①TU-856

中国版本图书馆CIP数据核字（2019）第012356号

机械工业出版社（北京市百万庄大街22号 邮政编码100037）
策划编辑：宋晓磊 责任编辑：宋晓磊 范秋涛
责任校对：王 欣 封面设计：鞠 杨
责任印制：张 博
北京东方宝隆印刷有限公司印刷
2019年5月第1版第1次印刷
184mm×260mm・11.25印张・274千字
标准书号：ISBN 978-7-111-61854-6
定价：59.00元

凡购本书，如有缺页、倒页、脱页，由本社发行部调换
电话服务 网络服务
服务咨询热线：010-88361066 机 工 官 网：www.cmpbook.com
读者购书热线：010-68326294 机 工 官 博：weibo.com/cmp1952
金 书 网：www.golden-book.com
封面无防伪标均为盗版 教育服务网：www.cmpedu.com

前 言

室内外建筑的主要角色是空间，其表现形式多以空间的分隔、组合、功能等，通过对具体的室内空间进行功能和气氛营造，空间设计的目标和初衷才能达成。建筑空间的布局缺少了创造性就难以达到合格甚至优秀，因此空间是室内外建筑的重要角色，认识室内外空间的核心就在于领会和感受尺寸对空间的改变。

空间尺寸的重要性可能还没有引起很多人的关注，但是生活中的尺寸摩擦肯定都碰到过，例如回家开灯找不到开关，做饭时油烟机撞头，又或者是想拿衣柜里换季的衣服却怎么也够不着，近在咫尺却只能遥遥相望。这些“小事”常常出现在我们的生活中，影响着我们的生活节奏。因地制宜地给开关留位置，才能知道把开关安装在哪个位置是最方便的；根据烹饪者的身高来设计厨房，做饭时跟油烟机撞头说再见；在设计衣柜时，量取家庭人员身高，根据上肢手臂长等数据进行量身设计，衣柜里的衣服手到擒来。

在室内外空间设计中，家具是不可或缺的元素，室内的桌椅板凳、衣柜书柜等，室外公园的长椅、秋千、石凳等，家具与室内外环境有着密切的关系。家具的尺寸与空间设计存在着必然的联系。人在室内的任何活动都会与家具设施发生一定的关系，因此家具的形体、尺度必须以人体尺度为主要依据。同时，人们为了使用这些家具和设施，其周围必须留有活动和使用的最小空间，满足了这些要求的室内空间才会有合理的空间尺寸设计。

本书在编写的过程中，着重强调了尺寸对室内外空间设计的重要性，揭示了尺寸与生活的关联。在科技高速发展的信息时代，空间设计在朝着复合化、人性化、个性化、多元化的方向发展，空间设计作为室内外设计的核心设计，应满足不同业主对空间的需求，营造更为舒适便捷的生活环境。

本书在编写时得到了以下同事的帮助，在此表示感谢。金露、万丹、汤留泉、鲍雪怡、叶伟、仇梦蝶、肖亚丽、刘峻、刘忍方、向江伟、董豪鹏、陈全、黄登峰、苏娜、毛婵、徐谦、孙春燕、李平、向芷君、柏雪、李鹏博、曾庆平、李俊、姚欢、闫永祥、杨思彤、杨清、王江泽、王欣。

编者

目　录

第 5 章 室内空间尺寸案例/118

第 6 章 室外空间尺寸案例/148

第1章 生活中的尺寸差

识读难度：★☆☆☆☆

核心概念：室内尺寸、尺寸测量、尺寸的意义

章节导读：

“失之毫厘谬以千里”告诉我们就算是很细微的差异都会引起巨大的反差，作为一名空间设计师，毫米之间的误差引起的问题数不胜数，相信不少人都实实在在的经历过。例如家具安装前已经确定好了尺寸，但是到了安装时却发现无法安装的情况；装好的橱柜总是有两扇门不能同时开关闭合；转角的衣柜门只能打开一半，没有办法收纳更多的物件，只能白白浪费等，相信这些情况并不是生活中的个例。尺寸设计与我们的生活息息相关，优质生活离不开尺寸设计。

1.1 尺寸与生活息息相关

在我们生活的环境中，无处不存在与尺寸相关的东西。我们上下走的楼梯、家具、计算机、文具、垃圾箱等。大部分物品或多或少地体现着尺寸在生活中的应用。正因为这些合理的数据运用，才使得我们的生活如此方便与舒适。如果没有这种符合尺寸的设计，生活可能不堪设想。尺寸数据有关于人体结构的诸多数据对设计起到了很大的作用，了解了这些数据之后，我们做室内设计时就能够充分地考虑这些因素，做出合适的选择，并考虑在不同空间与围护的状态下，消费者动作与活动的安全以及对大多数人的适宜尺寸，并强调静态与动态时的特殊尺寸要求。

1.人体与尺寸

当我们提到生活中的尺寸及测量时，就不得不提到关于人体尺寸的知识概念，它是经过诸多设计行业人员的实地设计考究出来的精华，对于从事设计行业的人员来说，是不可多得的宝贵知识财富，能够帮助设计师解决关于空间设计中的尺寸问题。

人体尺寸是一个国家生产的基本的技术依据，涉及衣食住行的方方面面。比如什么形状的头盔、口罩最适合中国人，多高的课桌椅最适合中小学生，座椅要多高坐着才舒服，药盒上的字体多大看着才清晰，服装鞋帽的尺码号型该如何确定，计算机键盘又该怎样设计，手指触觉才更灵敏舒适，这些与日常生活息息相关的设计，都需要相关的人体尺寸作为设计生产的依据。

↑居住空间尺寸设计

↑商业空间尺寸设计

（1）尺寸的概述

说到人体尺寸的概念，那就离不开对人体工程学的认识，人体工程学是一门涉及面很广的边缘学科，它吸收了自然科学与社会科学的广泛知识内容，是人体科学、环境科学与工程科学相互渗透的产物，对于室内外设计师来说，有较为优良的学习及借鉴意义。它首先是一种理念，以人为出发点，根据人的心理、生理与身体结构等因素，研究人、机械、环境之间的相互关系，以保证消费者安全、健康、舒适地工作。它更是一门关于技术与人的身体协调的科学，即如何通过技术让人类在室内空间活动感到舒适，通过色彩、空间设计、饰品装饰等让人类得到生理与心理上的满足。

人体工程学最早是由波兰学者雅斯特莱鲍夫斯基提出，在欧洲名为Ergonomics，它是由两个希腊词根“ergo”与“nomics”组成的。“ergo”的意思是“出力、工作”，“nomics”表示“规律、法则”。因此，Ergonomics的含义也就是“人出力的规律”或“人工作的规律”。日本千叶大学小原教授认为：人体尺寸是探知人体的工作能力及其极限，从而使消费者所从事的工作趋向适应人体解剖学、生理学、心理学的各种特征。国际工效学会给人体尺寸下的定义是：人体尺寸是一门“研究人在某种工作环境中的解剖学、生理学与心理学等方面的各种因素；研究人与机器及环境的相互作用；研究在工作中、家庭生活中与休假时怎样统一考虑工作效率、人的健康、安全与舒适等问题的科学”。

人体尺寸的名称多种多样，欧洲称为人类工效学，美国称为人类工程学，前苏联称为工程心理学，日本称为人间工学，在我国常见的名称还有：人体尺寸、人类工效学、人机环境系统工程、人类工程学等。同学科命名的不同一样，学科的定义也不同，在不同的研究领域，带有侧重与倾向性的定义很多，并且随着科学技术的发展，其定义也随之变化。

（2）产品尺寸设计

办公室“久坐族”都有一个通病，那就是对着计算机工作，右手总是要握在鼠标上，长时间工作会使手指麻木，新款的鼠标根据成人手掌的大小设计，采用蜗形仿生手感设计，配合五键的高精度按键，可以快速地切换，大幅度提升工作效率，手掌与桌面接近垂直的状态，可以释放手腕的压力。与传统的光电鼠标相比，激光鼠标在精度、速度、图像处理上更加的稳定耐用，且能在不同的材质上使用，而不再局限于小小的鼠标垫，体验功能更加得舒适。

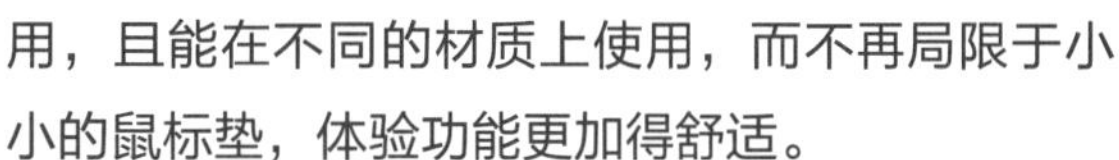

←垂直式激光鼠标，让手腕呈现自然的状态，在使用时无需移动手腕与胳膊，只需前臂轻轻移动即可控制鼠标，以最舒适的状态享受办公。

本田飞度魔术座椅是近几年汽车行业的领先设计，一体化拉阔式的车内布局，使得整车的内部布局设计看起来更加流畅，车内安装的魔术座椅，可自由调整组合，多种模式可供变化。放倒后排座椅之后，本田飞度能够形成非常平整的空间，是家庭旅行的不错之选；把前排座椅的头枕拆掉后，将其推至最前然后放倒靠背，此时就会变成一张简易的床，游玩疲惫之余，可以在车中稍做调整。

↑在改变座椅组合前，车内布局与其他车型的布局没有差异，都是2+3的座位布局。

↑座椅的精髓在于后排座垫能够向上折起并固定住，整个操作过程轻松不费力，这款车型简直就是量身定制。

2.发展趋势

发展趋势

21世纪人类步入了信息时代，人体尺寸必然向着信息化、网络化、智能化的方向发展。虽然人体尺寸的研究人员主要来自心理学与预防医学的专业，但它却是一项实用性的专业，主要应用到工业设计的各个方面，我们这里主要讲各种空间的环境设计。座椅、家具等都离不开人体尺寸，未来消费者选择产品与服务时，需要更舒适、更健康、更高效的工作环境与生活用品。例如带有收纳、书架、睡眠功能为一体的多功能床，不少人有睡前看书的习惯，设计师将小型书架与床结合在一起，既满足了睡前看书的日常需求，同时又保留了床的最基本的睡眠功能；儿童座椅是一款专为儿童设计的安全座椅，在没有这个设计之前，家长要么将孩子抱在怀中，要么放在座椅上，家长开车注意力无法集中，安全座椅应运而生，正好符合儿童的身高体型，家长在开车途中的安全系数更高。

↑设计师根据消费者的使用习惯，将床的功能性需求得到极大的提升，与传统的单一功能相比较，设计要点更为突出。

↑儿童安全座椅很好地解决了许多带儿童出行家庭的难题，极大地保障了出行安全，体现出了设计为消费者服务的精神。

有的时候，设计者无需专业的知识，也会根据亲身的体验与常识自觉遵循设计原则；而有的时候，设计者则可能对使用者的需求特点难以把握或者视而不见，既影响产品使用的效能，也会在竞争中处于劣势。所以，引进人体尺寸的设计理念，学习有关的标准规范并落实在实践中，对于中国的人体尺寸的发展来说，应该是一个必要的前提条件。

20世纪80年代，中国进行过第一次全国范围内的成年人尺寸调查工作。当时测量的项目包括腰围、胸围、臀围、肩宽、腿肚围、身高等共80个项目。尔后，中国颁布的《中国成年人人体尺寸》国家标准，就是在全国范围内抽样调查了2万多名成年人制定的。这个标准在中国工业、建筑、交通运输等各行业得到了广泛的应用，为国家经济的发展作出了贡献。

在技术变化迅速，产品生命周期缩短的现在与未来，“人体尺寸”作为一门研究使用者生理、心理特点及其需求，并通过相应的设计技术予以满足人体需求的学科，在激烈的市场竞争中其地位将会更加巩固，加强人体尺寸的研究、开发与设计，对国家或企业争取竞争优势，有着不可忽视的意义。对于室内外空间设计师来说，熟悉人体尺寸有助于设计出更多符合消费者日常需求的产品。

2009年，中国标准化研究院在北京等四大城市进行了一次《中国成年人人体尺寸的抽样测量试点调查》。虽然2009年通过小样本抽样和数学推演进行了一定修正，但还是不够精确。这次抽样测量首次采用了国际上先进的非接触式人体三维扫描技术，可在不到10s的时间内获得完整的1：1的人体三维模型，通过测量软件就可以在模型上提取包括立姿、坐姿、头部、足部等150多个人体尺寸，准确度在1mm左右。同时，还对服装、皮革、家具、文教体育用品、交通运输、建筑六大行业对人体尺寸数据需求进行了调查。时隔20年后，中国人的体形发生了很大变化，以往的数据已经不能反映中国人的体形。2013年11月27日，由中国标准化研究院牵头实施的“中国成年人工效学基础参数调查”正式启动，这是继1986年开展第一次成年人人体尺寸测量以来，中国再次对人体基础数据启动调查。

随着生活水平的提高，人们的身材体形发生变化，消费观念也在变化，在产品的使用上不仅要“用”还要“好用”，更加注重人的安全、健康、舒适，企业也更加注重产品的“宜人性”。在国外，一般5~10年就补充修订一次人体工效学基础数据。相比较而言，中国人体工效学基础参数调查的相关机制还不够完善。因此，中国目前已开始构建工效学基础参数指标体系，筹建中国的成年人工效学基础参数调查网，确保能在更短的周期内定期更新属于中国自己的人体基础数据，为中国人提供更多量身定做的产品和人性化的服务。

（1）国内人体尺寸的发展

人体尺寸是近数十年发展起来的新兴综合性学科。人体尺寸是一门研究人类与机器及环境的相互作用的学科。合理的人体尺寸设计能够帮助避免肢体的重复性劳损与其他肌肉骨骼疾病，从而保障职业安全与身体健康，提升环境的安全性、工作满意度与生产效率。

我国人体尺寸的研究在20世纪30年代开始有少量与零星的开展，但系统与深入地开展则在改革开放以后。我国在这个领域最标准的术语是“人类工效学”，1980年5月，国家标准局成立了全国人类工效学标准化技术委员会，统一规划、研究与审议全国有关人类工效学的基础标准的制定。1984年，国防科工委成立了国家军用人-机-环境系统工程标准化技术委员会。过去人们研究探讨问题，经常会把人与机、人与环境割裂开来对待，认为人就是人，物就是物，环境也就是环境，或者是单纯地以人去适应物与环境对人们提出要求。而现代室内空间设计日益重视“人机物”之间的协调发展。因此，室内环境设计除了依然十分重视室内环境设计外，对物理环境、生理环境以及心理环境的研究与设计也已予以高度重视。

人体尺寸行业是一个新兴但高速发展的行业。国外人体尺寸行业发展较早，目前已进入相对成熟的发展阶段，行业应用领域拓展到了所有与人的活动相关的行业，包括办公用品、家具、服装、手工工具、装备、建筑、环境、室内设计、交通工具以及太空设备等领域。

↑办公设计

↑家具设计

↑建筑设计

↑室内设计

目前人体尺寸产品在桌椅类家具、电器承载家具、床具、休闲健身器材，尤其是健康办公等领域都得到了较为广泛的应用。未来随着健康理念进一步驱动消费升级，以及国内消费者对人体尺寸产品的认知提升与消费习惯养成，运用人体尺寸原理所设计与生产的产品市场需求前景广阔。

目前，人体尺寸产品在健康办公领域的应用主要体现在人体尺寸计算机支架、坐立交替办公系统与健身车等产品上，人体尺寸产品拓宽了办公家具的功能与理念，也及时地满足了近年来人们对健康办公的消费需求。根据美国办公家具制造商协会（BIFMA）统计，2017年美国办公家具市场消费需求为 129.61 亿美元，同比增长了 6.5%；预计2018年美国办公家具消费规模将达150亿美元，2019年消费规模达180亿美元。根据中国产业信息网的统计，2017年中国家具行业收入规模约为7525.70亿元，而家具用品中约20%为办公家具。随着国内外办公家具市场的进一步增长，人体尺寸产品在健康办公领域的应用将愈加广泛。

↑健康办公空间

↑办公家具

人体尺寸产品除广泛应用于日常工作与办公中，还逐渐应用于智慧城市、智能工厂、医疗、金融、 IT、电子竞技等专业领域。这些专业领域均具有快速获取与处理信息的需求，且产品技术及稳定性要求高、附加值大，构成了人体尺寸行业应用的新增长点。

人体尺寸联系到室内空间设计，其含义为：以人为主体，运用人体生理计测、心理计测等手段与方法，研究人体结构功能、心理学等方面与室内环境之间的合理协调关系，包括人体尺度、心理尺度、文化尺度等，人体尺度是通过人体测量与数理统计获得的。这些数据根据不同民族的人体尺寸存在差异，侧重的是一定范围内的共同尺寸。通过制定基本参数（身高、坐高、脚高、手足活动范围、头部转动幅度、目视距离、视域、动作频率等平均值），设计时依据这些数据，可以从一个方面保证设计产品适合大众的要求与保证产品的标准化，以适合人的身心活动要求。

总之，我国的人体尺寸行业发展比较快，但是还跟不上社会的需要，与发达国家相比有很大的差距，科研与设计生产结合不够，群众普及了解不够。但随着我国科学技术水平的提高，消费者对生产生活品质要求的提高，我国的人体尺寸的辉煌也指日可待。

国外尺寸

（2）国外人体尺寸概念

人体尺寸的理念兴起于欧美，不仅受到了市场的关注也获得了政府的支持，很多国家都出台了相关的法律法规，鼓励与监督企业为员工的健康提供人体尺寸方面的保护。美国已出台了政策：雇主有责任为员工提供一个安全、健康的办公环境。英国、德国、丹麦等欧洲国家也出台了旨在保护员工健康，提倡人体尺寸应用的法规。相关法规的制定，为人体尺寸产品的应用带来了法律的支持。20世纪初，美国学者泰勒的科学管理方法与理论是人体尺寸发展的奠基石。那些忽视这些问题的厂商，也有可能因导致使用者的健康损害而受到诉讼。一般在www.yahoo.com上查询有关ergonomics的网站，可以找到很多关于国外情况的信息。

随着消费者对人体尺寸的重视，研究这个领域的专业学会也得到发展。1950年英国成立了世界上第一个人类工效学学会，其名称为英国人类工效学协会。1957年9月美国政府创办了人的因素学会。1961年建立了国际人类工效学联合会，并在瑞典首都斯德哥尔摩召开了第一次国际会议。当时参加的有15个联合协会，包括美国、英国，大多数欧洲国家以及日本与澳大利亚等国。1964年日本建立了日本人间工学会。德国早在20世纪40年代就重视人类工效学研究，前苏联在20世纪60年代就研究工程心理学，并大力发展人类工效学标准化方面的研究。国际人类工效学联合会(International Ergonomics Association)是国际性的专业学会，出版《Ergonomics》会刊。该刊1996年刊登的一组数字比较各国人类工效学学会成员占总人口的比例，中国是0.4/百万，俄罗斯是4/百万，韩国是5/百万，日本是17/百万，加拿大是22/百万，可见我国人类工效学工作者占总人口比例还很低。人体尺寸为室内外空间设计提供了适合大众的生活体验数据，对于设计师来说，符合大众生活需求的空间设计才是一个完美的设计。

图解小贴士

国际人类工效学联合会

国际人类工效学联合会（International Ergonomics Association）简称IEA，于1961年正式成立。现在这一组织已有15个分会，总部设在瑞士的苏黎世，目前有4300名会员。国际人类工效学联合会自成立以来，一共召开了七次国际会议。

各分会分别是英国工效学研究会，捷克科学管理委员会工效学部，澳大利亚、新西兰工效学会，联邦德国工效学会，匈牙利组织与管理科学学会，加拿大人的因素学会，美国人的因素学会，日本人间工学会，荷兰工效学会，北欧工效学会，波兰工效学会与劳动保护委员会，意大利工效学会，法国工效学会，南斯拉夫工效学会，西班牙心理学会等。

（3）未来发展趋势

随着社会的迅猛发展，装修行业的快速崛起，消费者的需求也日益显现出来，对空间的舒适性及使用性能越发的精益求精，而人体尺寸的优势也逐渐在室内外设计中显现出来，为设计的合理性提供了强有力的支持，未来的人体尺寸发展将会走向更高平台。

1）**科技化**。信息技术的革命，带来了计算机业的巨大变革。计算机越来越趋向平面化、超薄型化；便捷式、袖珍型计算机的应用，大大改变了办公模式；输入方式已经由单一的键盘、鼠标输入，向着多通道输入化发展。多媒体技术、虚拟现实及强有力的视觉工作站提供真实、动态的影像和刺激灵感的用户界面，在计算机系统中，各显其能，使产品的造型设计更加丰富多彩，变化纷呈。

2）**自然化**。早期的人机界面很简单，人机对话都是机器语言。由于硬件技术的发展以及计算机图形学、软件工程、人工智能、窗口系统等软件技术的进步，“所见即所得”等交互原理和方法相继产生并得到了广泛应用，取代了旧有“键入命令”式的操作方式，推动人机界面自然化向前迈进了一大步。然而，人们不仅仅满足于通过屏幕显示或打印输出信息，进一步要求能够通过视觉、听觉、嗅觉、触觉以及形体、手势或口令,更自然地“进入”到环境空间中去，形成人机“直接对话”，从而取得“身临其境”的体验。

3）**人性化**。现代设计的风格已经从功能主义逐步走向了多元化和人性化。消费者纷纷要求表现自我意识、个人风格和审美情趣，反映在设计上则使产品越来越丰富、精细化，体现一种人情味和个性。一方面要求产品功能齐全、高效，适于人的操作使用；另一方面又要满足人们的审美和认知精神需要，现代计算机设计已经摆脱了旧有的四方壳纯机器味的淡漠。尖锐的棱角被圆滑，单一的米色不再一统天下；机器更加紧凑、完美，被赋予了人的感情。软件操作间的连贯性和共通性，都充分考虑了人的因素，使之操作更简单、友好。目前，人机交互正朝着从精确向模糊，从单通道向多通道以及从二维交互向三维交互的转变，发展用户与计算机之间快捷、低耗的多通道界面。

4）**和谐的人机环境**。今后计算机应能听、能看、能说，而且应能“善解人意”，即理解和适应人的情绪或心情。未来计算机的发展是以人为中心，必须使计算机易用好用，使人以语言、文字、图像、手势、表情等自然方式与计算机打交道。国外一些大公司如IBM、微软等在中国国内建立的研究院大多以人机接口为主要研究任务，尤其是在汉语语音、汉字识别等方面，如汉语识别与自然语言理解，虚拟现实技术，文字识别，手势识别，表情识别等。我们应该在人机交互方式技术竞争中，特别是在人机界面的优化设计、视觉-目标拾取认知技术等方面取得主动权。

3.人体尺寸设计

人体尺寸可以说是属于设计的基础之一，设计行业对于人体尺寸的引进可以用革命来形容，具体地说，可以参照现代建筑的设计，将人体再深入到建筑本身中去，不再是仅仅从美学角度去考虑，而是深入到功能使用上。仅从室内环境设计这一范畴来看，确定人与人在室内活动所需空间的主要依据，根据人体尺寸中的有关计测数据，从人的尺度、动作域、心理空间及人际交往的空间等，来确定空间范围。

↑室内活动空间

↑活动范围

（1）确定适用范围的主要依据

家具设计的初衷是为人所使用，因此它们的形体、尺度设计必须以人体尺度为主要依据。同时，消费者在使用这些家具与设施时，其家具周围必须留有活动与使用的最小空间，这些要求都由人体工程全方位地予以解决。室内空间越小，人流量停留时间越长，反之则相反，例如火车车厢、船舱、机舱等交通工具内部空间的设计，从中可以看出，依次为火车车厢、船舱、机舱，室内空间越小，紧急疏散越慢。

↑机舱

↑火车车厢

（2）提供适应环境的最佳参数

室内物理环境主要有室内热环境、声环境、光环境、重力环境、辐射环境等，有了上述要求的科学参数后，在设计时有正确决策的可能性就大一些。

4.尺寸的应用

凡是人迹所至，就存在人体尺寸应用问题。凡是涉及与人有关的事与物，也就会涉及人体尺寸问题。随着人体尺寸与有关学科的结合，也就出现了许多的相关学科，如研究工业产品装潢设计，便产生了技术美学；研究机械产品设计，产生了人体工效学；研究医疗器械，产生了医学工效学；研究人事管理，产生了人际关系学；研究交通管理，产生了安全工效学。

从本工学的主要应用如下：

1）人体工作行为解剖学与人体测量；工作事故，健康与安全。包括人体测量与工作空间设计；姿势与生物力学负荷研究；与工作有关的骨骼、肌肉管理问题；健康人体工程；安全文化与安全管理；安全文化评价与改进。

2）认知工效学与复杂任务；环境人体工程认知技能与决策研究；环境状况与因素分析；工作环境人体工程。

3）计算机人体工程；显示与控制布局设计；人体界面设计与评价软件人体工程；计算机产品与外设的设计与布局；办公环境人体工程研究；人体界面形式。

4）人的可靠性专家论证调查研究；法律人体工程；伤害原因；人的失误与可靠性研究。

5）工业设计应用；医疗设备；座椅的设计与舒适性研究；家具分类与选择；工作负荷分析。

6）管理与人体工程；人力资源管理；工作程序；人体规则与实践；手工操作负荷。

7）办公室人体工程与设计；医学人体工程办公室与办公设备设计；心理生理学；行为标准；三维人体模型。

8）系统分析；产品设计与顾客；军队系统；组织心理学；产品可靠性与安全性；服装人体工程；三维人体模型；军队人体工程；自动语音识别。

↑耳机的设计

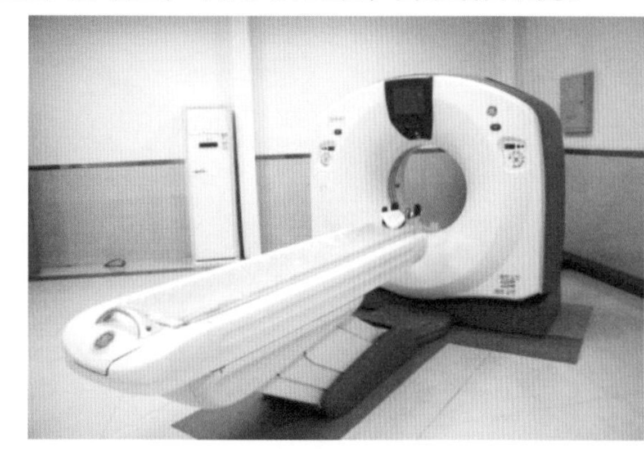

↑医疗设备

1.2 让尺寸回归空间

人体尺寸与住宅设计结合可以称为住宅人体尺寸。住宅是人类永恒的话题，人类生活与住宅之间的联系是密不可分的，毋庸置疑，高素质的生活质量来自于高质量的住宅环境。社会的发展，使消费者物质生活与精神生活的水平不断提高，人们对住宅设计也有了新的条件与要求。舒适、安全、健康、经济的住宅设计已经成为设计师们必须妥善完成的一个任务。

1.以居住空间为例

居住是人类生存与发展条件的基本活动之一，通过创造先进的居住模式可以极大地推动社会的进步。今天消费者建造住宅的活动正在给人类赖以生存的自然与社会环境两个方面产生前所未有的作用力。现在的住宅质量差异大、装修环境差异大，已经不能满足一些青年人的需求。

根据住宅消费调查的结果显示，城市住宅消费的主力军是占全国总人口27%的青年人。这部分群体以标新立异为个性，崇尚个性的生活方式与思维方式，在他们的心中，家的概念不可同以往而语，家里的各项功能可以不需要全部具备，但是家居环境的舒适与质量感要有所呈现。

↑住宅形式

↑一体式住宅结构

↑老人房间

↑儿童房

2.空间划分

（1）空间结构分析

不同的人对住宅的结构要求有所不同，例如学习型、居家型、生活型、工作型、艺术型等。尤其是现在购房的大多数是青年人，他们的生活状态呈现出来的压力、婚姻观念等方面都表现出与众不同的特性。色彩与照明是直接反映住宅空间性格的重要部分，色彩与照明本身具有许多拟人化的特点，色彩冷暖能让人感受到安静祥和与欢乐喜悦，色彩的明度能让人感受到空间的活泼与深沉，色彩艳丽程度能让人感受到绚丽华美与含蓄朴实，消费者对空间的感觉就会不一样。青年人追求时尚个性，室内空间色彩使用大胆，不拘一格，而老年人生活经历丰富，喜欢诚实稳重的色系，一般喜欢纯度较高的色系。

（2）空间内活动消耗量

室内空间布局与清洁打扫是分不开的，做清洁工作时需要一定的活动范围，活动范围太小，轻则碰坏家具物品，重则误伤自己，而我们在做清洁卫生时都有会一定的体力消耗，见下表。

不同家务工作的能耗量

活动项目	图例	体重/kg	能耗/（W/min）
坐着轻工作		84	1.98
园艺		65	5.95
擦窗		61	4.30
跪着擦地板		48	3.95
弯腰清洁地板		84	6.86
熨衣服		84	4.88

3.人在室内活动的特征

衣食住行

衣食住行是人类生活必不可少的要素，而食与住就发生在居住空间中。人在住宅里活动，客厅、餐厅、卫浴间、厨房等各个空间的尺度、家具布置、人体活动空间等都需要根据住宅人体尺寸从科学的角度出发，为消费者提供一个空间系统设计的依据。住宅人体尺寸的主要意义是对人在空间中静止与运动的范围进行研究的。

（1）位置

位置即人所在或所占的地方。在室内空间中，消费者在不同的环境中活动，均会产生一些空间位置与心理距离等。

1）确定人在室内所需要的活动空间大小。根据人体尺寸所需要的数据进行衡量，从人的高度、运动所需要的范围、心理空间与人际交往空间，确定各种不同空间所需要的面积，让空间具有更合理的空间划分。

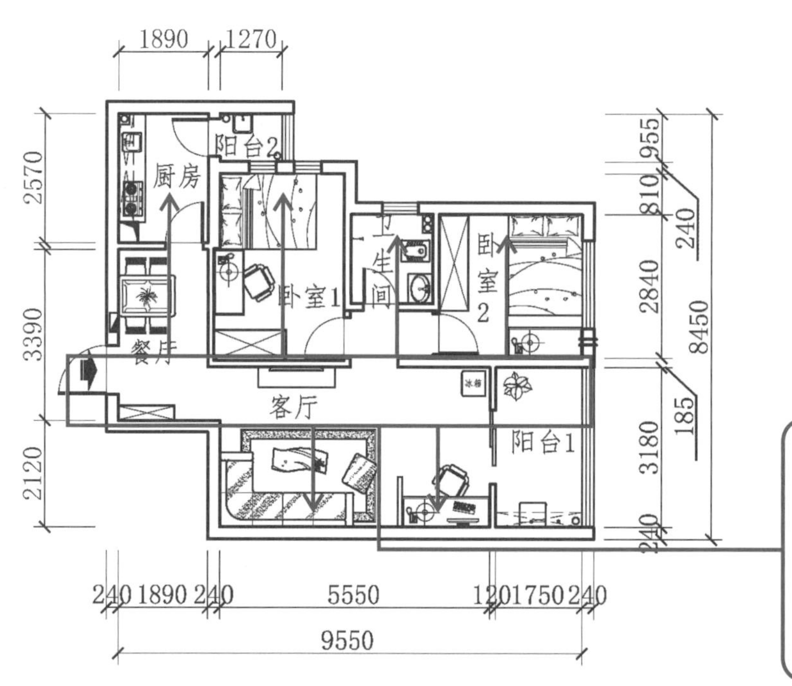

←从图中我们可以看出来，室内各个空间的大小、布局、面积、功能都有所不同，根据各个房间的功能及用途，设计师在布局设计时都经过合理地划分，使得整个空间符合人体活动范围。

中央走道，两侧是功能区，连接起来后类似中文汉字“非”，又称为“非”形布局，这是我国现代商品房住宅的标杆模式。

2）确定家具造型。家具设施的设计初衷是为人所使用，家具是室内空间的主体，也是与人接触最为密切的，因此在设计中人体尺寸的运用尤为重要。合适的形体与尺度才能更加科学地服务于消费者，使消费者更加舒适、安逸地停留在该空间内。相信不少人在日常生活中也遇到过不少家具不符合生活便利性的设计，例如衣柜与床之间的空隙不足以正常行走，需要侧着行走，或者衣柜门打开后整个通道被堵住了，这样的情况时有发生。

3）提供适应人体在室内空间环境中最佳的物理参数。室内物理环境主要有室内热环境、光环境、声环境等，室内空间有了上述要求的科学参数后，在设计时就才有可能做出正确的决策，好的空间环境也是人体尺寸中不可或缺的一部分，可以提高室内空间的舒适性，满足消费者的日常居住需求。

↑满足成人生活需求

↑满足儿童生活需求

（2）体积

所谓体积是指在室内空间中即人们活动的三维范围。这个范围根据每个人不同的身体特征、生活习惯以及个人爱好等不同而异。在室内空间设计中，人体尺寸的运用通常采用的都是数据的平均值。具体尺寸根据不同的人而进行改变，从而也体现出了“以人为本，服务于人”的设计理念。

（3）活动范围决定效率

家庭活动的主要表现在休息、起居、学习、饮食、家务、卫生等方面，各种活动在家庭中所占时间不同，花费的能量及其效率也是不同的。一个人一天在家的活动中，休息活动所占时间最长，约占60%；起居活动所占的时间次之，约占30%；家务等活动所占时间最少，约占10%。以人体尺寸角度分析，家庭活动时间与活动范围具有一定的关联性，满足人们在时间所占最长空间的活动需求。

↑起居空间

↑学习空间

1.3 如何进行尺寸测量

众所周知，每个人的身高、体重、习惯都是不同的，设计师在进行空间设计时，首先需要对家庭人员的身高、体重等各方面的数值进行测量，最大程度上满足家庭成员的生活习惯与需求，创造出更加符合生活习性的室内空间。

1.人体各部位尺寸表

下表是一个较为全面的数据范围值，可供设计师作为测量的数据来源。

人体各部位尺寸与身高的比例表

序号	部位	立姿男		立姿女	
		亚洲人	欧美人	亚洲人	欧美人
1	腿高	0.300h	0.333h	0.300h	0.333h
2	肩高	0.844h	0.833h	0.844h	0.833h
3	肘高	0.600h	0.625h	0.600h	0.625h
4	臀高	0.467h	0.458h	0.467h	0.458h
5	膝高	0.267h	0.313h	0.267h	0.313h
6	腕一腕距	0.800h	0.813h	0.800h	0.813h
7	肩一肩距	0.222h	0.250h	0.213h	0.200h
8	前臂长(包括手)	0.267h	0.250h	0.267h	0.250h
9	肩-指距	0.467h	0.438h	0.467h	0.438h
10	双手展宽	1.000h	1.000h	1.000h	1.000h
11	手举起最高点	1.278h	1.250h	1.278h	1.250h
12	坐高	0.222h	0.250h	0.222h	0.250h
13	膝高	0.267h	0.292h	0.267h	0.292h
14	肘高	0.356h	0.406h	0.356h	0.406h
15	肩高	0.567h	0.583h	0.567h	0.583h

注：h——人体身高。

2.人体尺寸测量

在生活中，消费者总会用到身体的一些尺寸，下面介绍常用人体基本尺寸以及一些身体测量的配图，帮助消费者及设计人员测量部分尺寸。

（1）站姿测量

首先是对被测量者的身高进行测量，取平均值，特别是在部分空间具有身高高低限制的家具设计时，设计师可以根据被测量者身高来进行高度设计，保证被测量者可以正常使用家具。被测量者在测试时需要保持正常的站姿，抬头挺胸较为关键，当空间涉及尺寸设计时，此时的测量数据就是设计师进行空间设计的重要依据。

↑测量身高时从脚掌根部测量到头顶最高部位，设计师要在设计家具的时候，根据身高选择合适的高度。

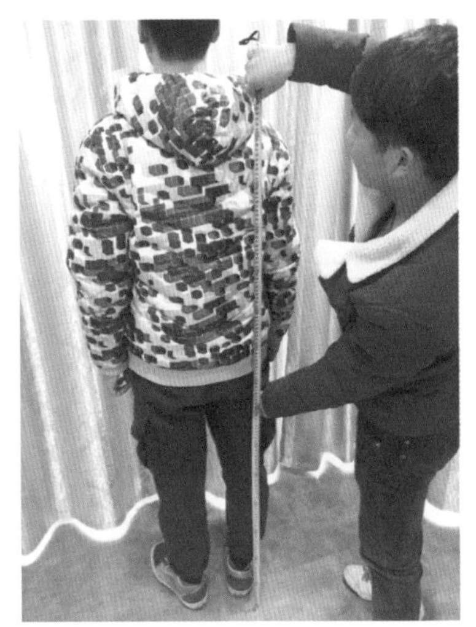

↑手在拿取物品时受到手臂的制约，在设置吊柜、高柜时，需要根据肩高设计，否则太高拿不着柜里的物品。

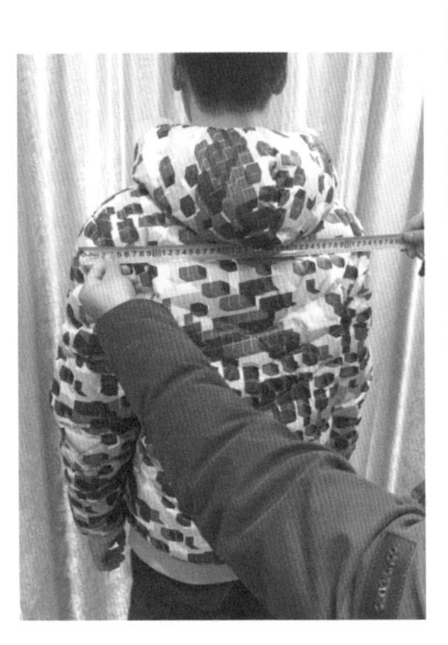

↑在设计书桌的时候，肩宽数据具有重要意义，不同的肩宽面对桌面的宽度及长度都有不同的要求。

图解小贴士

人体测量的仪器

在人体尺寸参数的测量中，所采用的人体测量仪器有：人体测高仪、人体测量用直脚规、人体测量用弯脚规、人体测量用三脚平行规、坐高仪、量足仪、角度计、软卷尺以及医用磅秤等。目前，我国对人体尺寸测量专用仪器已制定了标准，而通用的人体测量仪器一般为多功能电子人体测高仪。

（2）坐姿测量

坐姿是一种常见的姿势，能够让身心得到放松，坐姿的舒适性很重要，在进行坐姿测量时，需要注意到每个人的坐姿臀膝距、下肢长、坐深、坐姿膝盖高度、坐姿颈高、前臂加手功能伸长等尺寸，当家装作业完成之后，家庭成员都能以一种较为舒适的坐姿在客厅或书房，享受愉悦的气氛。

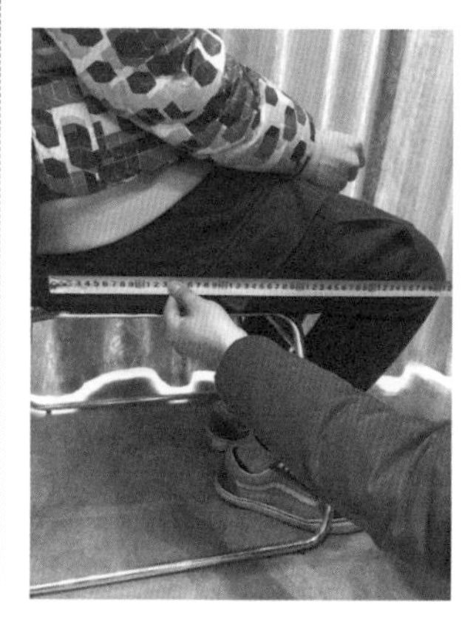
↑臀膝距决定了座椅椅面的尺寸。

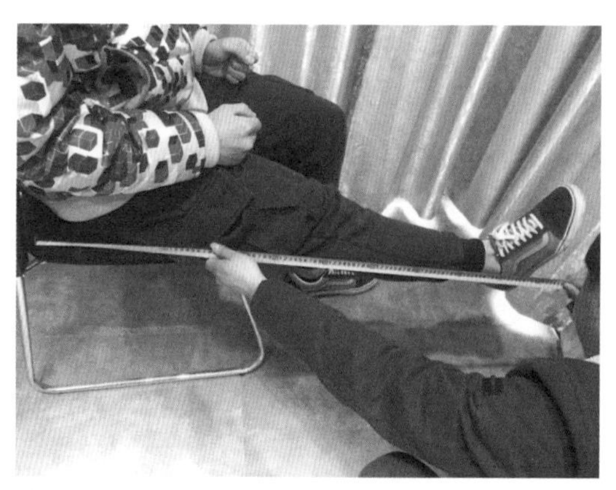
↑坐姿下肢长直接影响座椅的高度，下肢越长座椅高度越高，反之则是相反。

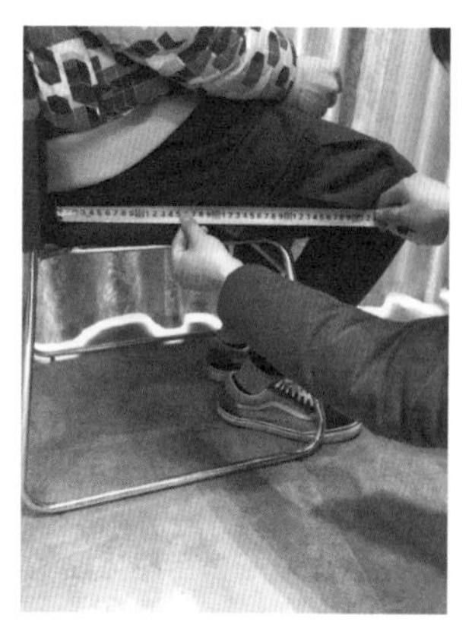
↑坐深也是决定座椅椅面尺寸的关键要素。

坐姿的可容空间是指人坐下可以自由活动不受阻碍的空间，坐姿是很随意的姿势，所以设计师在设计家具座椅时要将坐姿测量数据与活动空间相结合。

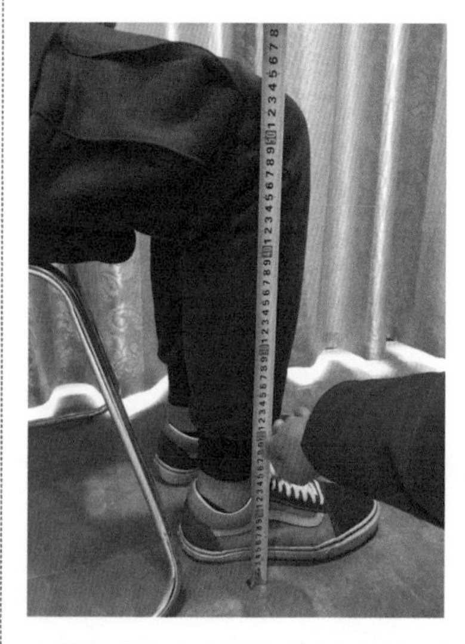
↑测量膝盖高度要从脚底部测量到膝盖上方最高点位置，数据会较为客观。

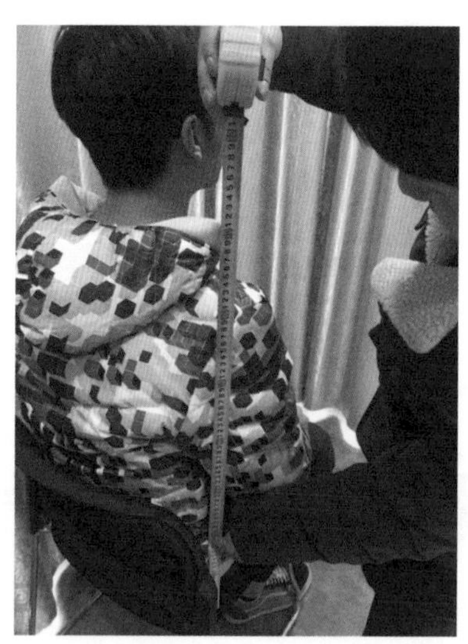
↑坐姿颈高决定了人们在观影、学习、阅读时人眼所在的高度，对于安装各类家庭电器有所影响。

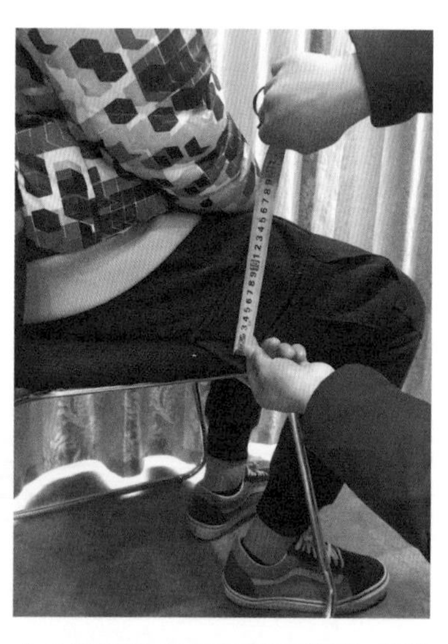
↑坐姿膝盖高度决定了餐桌与座椅之间的高度，测量时选取最高值为准。

↑伸手长度

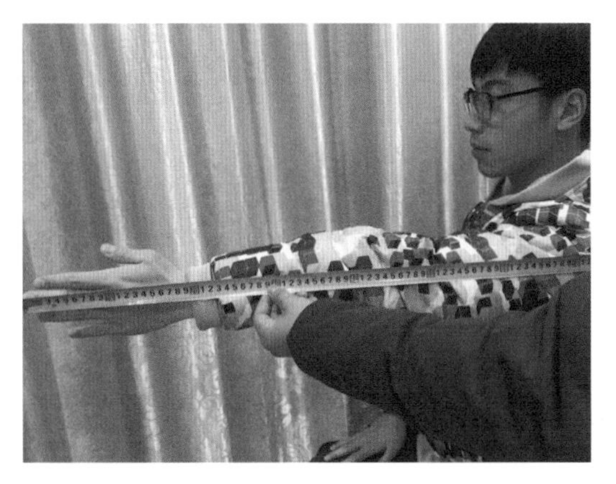

↑前臂加手功能伸长

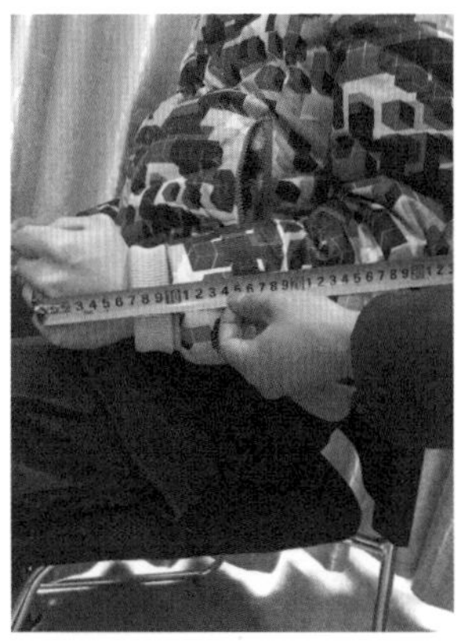

↑握拳长度

图解小贴士

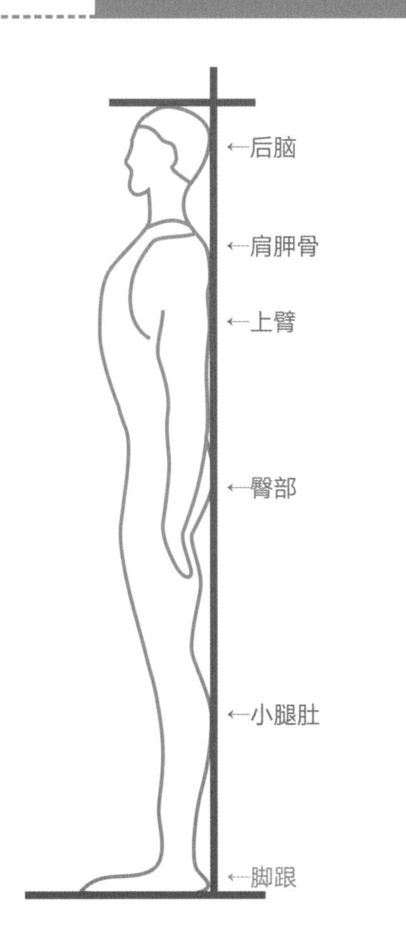

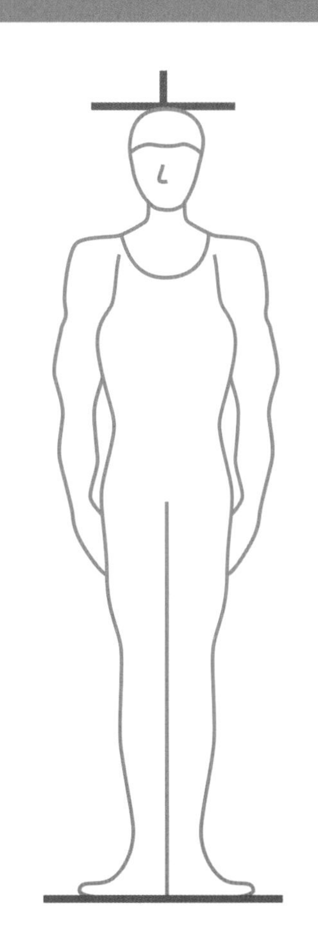

↑测量时需要赤脚、头部不带任何的发饰，两只脚跟靠拢，脚间呈45°，脚后跟靠拢身高尺或墙面;臀部、肩部及后脑靠拢墙面或身高尺并立正站直，鼻尖与耳垂一条直线，并与墙面或者身高尺呈90°。

3.宽度测量

在室内空间中，人的手臂在活动时从上到下，从左至右都有一个“舒适合适拘束”这样的感受范围，测量能够帮助设计师更好地进行家具布局设计。

测量两臂宽度时，双手张开保持垂直状态，从手臂一端的中指开始测量到另一端手臂的中指，即为两臂的宽度；两肘宽度测量时，将手放置在胸前，呈90°弯曲并保持平衡，从肘部的一端测量到肘部的另一端即可。

↑人体在向上下左右拿东西或者活动时，两臂宽度是决定家具尺寸设计的关键点。

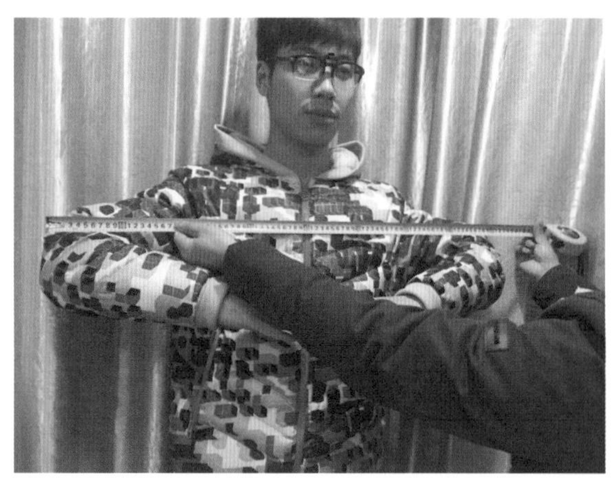

↑两肘宽度对计算机桌、书桌、餐桌设计有极大的影响，设计师最好根据业主家庭人员测量。

4.长度测量

长度测量是测量必不可少的环节，设计的目的是为了更好地满足生活需求。测量手臂长度数据时，被测试者应保持正确的站姿（抬头挺胸），手臂呈自然下垂的姿势，不要刻意地伸直或弯曲，测量的数据才能最接近正确值，避免出现重复测量或数据有误等情况。

↑上臂长度

↑下臂长度

↑肘部高度

1.4 尺寸对于空间的意义

1.尺寸的意义

人体尺寸中关于人体结构的诸多数据对设计起到了很大的作用，了解了这些数据之后，设计师做设计时就能够充分地考虑这些因素，做出合适的选择，并考虑在不同空间与围护的状态下，消费者动作与活动的安全，以及大多数人的适宜尺寸，并强调静态与动态时的特殊尺寸要求。同时，消费者为了使用这些家具与设施，其周围必须留有活动与使用的最小空间，这样才不会使得活动在其中的人感觉约束、拘谨。

就室内空间的空间布局设计而言，如室内玄关、休闲阳台的设计，为了达到安全方便、舒适实用与美观性的需求，设计师在设计时需要满足这三者之间的关系，使得整个空间显得舒适自然，没有压迫感。因此，人体尺寸就成了室内外设计上最主要的条件之一。

↑玄关设计

↑休闲阳台设计

人体尺寸主要研究科技、空间环境与人类之间的交互作用。在实际的工作、学习与生活环境中，设计师应用人体尺寸的学科知识进行设计，以达到人类安全、舒适、健康、工作效率提高的目的。

2.人体尺寸的应用

（1）视觉

红色对视觉有最高的刺激，用于指示停止通行，报警等；反之，绿灯用于放行。人的视觉观察范围和观察能力与汽车驾驶室的仪表、反光镜等位置的设计有关。在室内环境中，色彩设计是室内设计的一大亮点，用颜色更能直接地表达出设计师的设计理念，在视觉上的效果更为突出，例如在儿童房的设计中，设计师则更注重儿童的童趣设计，从色彩上着手更容易成功。

←卧室内的颜色对于儿童心态有着关键性的效用。通常来说，最好选用典雅的色泽，而应避免选用太刺眼的颜色，以防刺激儿童。当然黑色和纯白色也应少用，而用淡蓝色为底点缀一些草绿、明黄的色泽，效果很佳，能够促进身体的平衡度，并起到镇定效用，对于消除疲劳和消极情绪有着很好的作用。

（2）听觉

在日常工作、生活中，人体听觉可以判断空间距离，即通过声音大小、回声反射等声况效果来感受人与发声体之间的距离，从而指导人的行为。例如，在室内设计中选用无线门铃,安装时要考虑到门铃的安装位置，一般安装在房间中央走道，能满足房间各个区域听觉效果。

（3）认知心理学

如各种交通标志的设计，使驾驶员容易记忆、识别与理解；计算机操作界面的设计，Windows的图形用户界面，菜单、按钮、滚动条的设置方便了用户的学习与使用。这些元素的尺寸设计要符合人的心理，过大过小都会让人感到不适。

（4）人体测量学

测量是设计中不可或缺的因素，例如，桌椅、楼梯的设计，走廊宽度、扶手高度的设计，在考虑儿童与残疾人使用时则需要着重测量后再设计。

图解小贴士

住宅设计中的问题

1）住宅建设与社会经济的发展不同步。长期以来，我国房地产行业发展，片面追求住宅数量，一味强调经济性，结果使住宅建设落后于现实发展，缺乏长远考虑，反而造成了居住质量的恶化与社会财富的浪费。

2）住宅设计与居住行为脱节。设计时只片面理解住宅的面积指标，忽视了居住行为的基本空间尺度与面积的实际使用效率，造成居住空间的不合理配置，使居住行为不能有效地展开。

3）缺乏选择性。随着时代的发展，设计空间也要与时俱进，不同时期住户对空间的使用有不同的要求与选择，古板僵硬的空间划分阻碍了生活质量的提高，造成空间的不合理使用。

4）缺乏使用者的参与。使用者是一个群体性的概念，不同住户具有不同的审美意识与价值取向，作为居住行为的执行者，强硬地把使用者塞进雷同的居住空间，没有使用者的意见参与，是不尊重使用者的表现。

第2章 尺寸与空间的接触

识读难度：★★☆☆☆

核心概念：家具尺寸、尺寸测量、测量方式

章节导读：

尺寸是设计行业人员进行室内外设计的数据来源，也是业主购房合同上购房面积的重要凭证，也是设计师按房屋面积计算装修预算的重要依据，尺寸数据对于设计师与业主来说，都是十分重要，而如何进行空间设计与测量也是一门技巧。

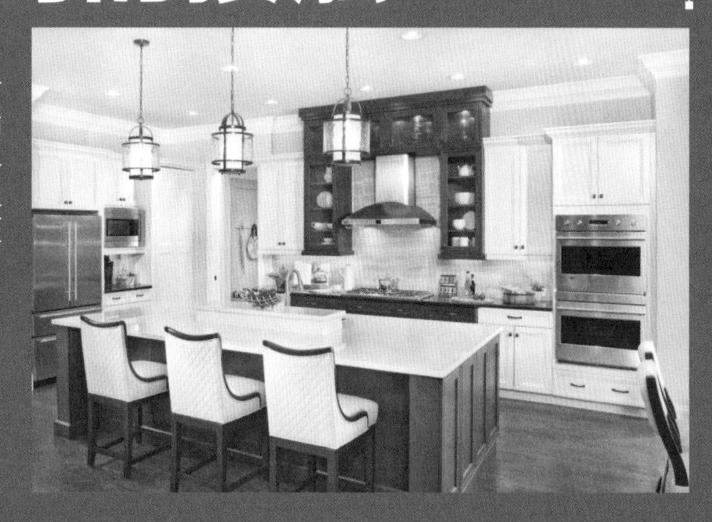

2.1 空间设计与测量

空间设计离不开人体数据测量，对于一名优秀的设计师来说，设计与尺寸是不可分开的关系，优秀的设计方案离不开合理的人体数据分析，只有符合大众的尺寸设计才能被大众接受与认可，“人性化”的设计也是近几年设计行业的核心要点。

1.人体基础数据

基础数据

人体基础数据主要有下列三个方面，即人体构造、人体尺度以及人体的动作域等的有关数据。根据人体的基础数据进行室内外设计，能够使设计更好地为人服务。

（1）人体构造

与人体尺寸关系最紧密的是运动系统中的骨骼、关节与肌肉，这三部分在神经系统支配下，使人体各部分完成一系列的运动。骨骼由颅骨、躯干骨、四肢骨三部分组成，脊柱可完成多种运动，是人体的支柱；关节起骨间连接且能活动的作用；肌肉中的骨骼肌受神经系统指挥收缩或舒张，使人体各部分协调动作。

（2）人体尺度

人体尺度是人体尺寸研究的最基本的数据之一，它包括静止时的尺度与活动时的尺度，是设计师在空间设计中的重要依据。例如在餐厅设计中，设计师不只是简简单单地将酒柜、餐桌椅摆进整个空间，而是需要根据家庭成员的身高、体重进行餐桌椅的量身定制，保证家庭成员都能在一起就餐；同时根据人们在就座时需要拉开椅子时的活动空间进行尺寸设计，预留空间过大会浪费房屋使用面积，视觉上会感觉到空旷；预留空间过小，则会导致磕磕碰碰，体重过高者进出困难等现象。

图解小贴士

室内空间设计要求

1）满足功能使用。在室内空间中，我们在每个空间都会有不同的功能，比如：卧室、客厅、生活阳台、休闲阳台等。不同的区域空间的作用是不同的，当然使用的功能也就不一样。面对这些空间，我们要深入理解各个空间的使用功能，设计时要尽力做到满足这些空间的功能使用。

2）安全性原则。无论起居、交往、工作、学习等,都需要在室内空间中，所以在室内空间设计时，要考虑它的安全性。我们做的设计不是艺术，一切的室内空间设计都是以人为本。

3）可行性原则。室内空间设计都要有它的可行性、可用性。别为了艺术效果，把一个室内空间搞成一个艺术展览，没有它的可用性。一个好的室内空间是不拥挤的，就是因为有一个合理的动线设计，指引着客户走，不会出现方向走错，出现拥挤。

（3）人体动作域

人体动作域是消费者在室内各种工作与生活活动范围的大小，它是确定室内空间尺度的重要依据的因素之一。人体动作域的尺度是动态的，其动态尺度与活动情景状态有关。在进行室内设计时，人体尺度具体数据尺寸的选用，应考虑在不同空间与围护的状态下，要以安全为前提。例如，对门洞高度、楼梯通行净高、栏杆扶手高度等，应取男性人体高度的上限，并适当加以人体动态时的余量进行设计；对踏步高度、上搁板、镜子或挂钩高度等，应按女性人体的平均高度进行设计。

↑门洞是用来围护空间的，门能起到闭合空间、形成整体的作用，设计时应该以最高身高为上限，避免出现因门洞高度不够出现碰撞等情况。

↑楼梯踏步为连续动作，属于一个过渡空间，在设计时应该以女性身高为主，女性的抬腿高度小于男性，避免上楼十分费力的现象。

2.百分位概念

百分位表示具有某一人体尺寸与小于该尺寸的人占统计对象总人数的百分比。

大部分人的人体测量数据是按百分位表达的，把研究对象分成一百份，根据一些指定的人体尺寸项目（如身高），从最小到最大顺序排列，进行分段，每一段的截至点即为一个百分位。以身高为例：第5百分位的尺寸表示有5%的人身高等于或者小于这个尺寸。换句话说，就是有95%的人身高高于这个尺寸。第95百分位则表示有95%的人等于或者小于这个尺寸，5%的人身高高于这个尺寸。第50百分位为中点，表示把一组数据平分成两组，较大的50%与较小的50%。第50百分位的数值可以说是最接近平均值，但是不能理解为有 “平均人”这个尺寸。百分位选择主要是指净身高，所以应该选用高百分点数据。因为顶棚高度不是关键尺寸，设计者尽可能地适应每一个人。影响人体测量数据的因素有以下几个方面。

（1）种族

生活在不同国家、不同地区、不同种族、不同环境的人体尺寸存在差异，即使是一个国家，不同地区的人体尺寸也有差异。

（2）性别

对于大多数的人体尺寸，男性比女性要大一些（但有四个尺寸正相反，即胸厚、臀宽、臀部及大腿周长）。同整个身体相比，女性的手臂与腿较短，躯干与头占比例较大，肩部较窄，盆骨较宽，如用坐姿操作的岗位，考虑女性的尺寸至关重要。

（3）年龄

身高随着年龄的增长而收缩，体重、肩宽、腹围、臀围、胸围却随着年龄的增长而增加（见下表）。一般男性在20岁左右停止增长，女性在18岁左右停止增长。手的尺寸男性在15岁达到一定值，女性在13岁左右达到一定值。脚的尺寸男性在17岁左右基本定型，女性在15岁左右基本定型。对工作空间设计时，尽量适合20~65岁的人。所以设计师需要根据不同年龄组进行室内外设计，保障每个人都能在较为舒适的状态下享受来自空间设计带来的生活愉悦感。

（4）职业

职业的不同，在身体大小及比例上也不同。一般体力劳动者平均身体尺寸都比脑力劳动者要大一些。

我国不同地区人体尺寸对比表

地区	项目	男（18~60岁）			女（18~55岁）		
		身高/mm	体重/kg	胸围/mm	身高/mm	体重/kg	胸围/mm
东北华北	均值	1693	64	888	1586	55	848
	标准差	56.6	8.2	55.5	51.8	7.7	66.4
西北	均值	1684	60	880	1575	52	837
	标准差	53.7	7.6	51.5	51.9	7.1	55.9
华中	均值	1669	57	853	1575	50	831
	标准差	55.2	7.7	52.0	50.8	7.2	59.8
华南	均值	1650	56	851	1549	49	819
	标准差	57.1	6.9	48.9	49.7	6.5	57.6
西南	均值	1647	55	855	1546	50	809
	标准差	56.7	6.8	48.3	53.9	6.9	58.8
东南	均值	1686	59	865	1575	52	837
	标准差	53.7	7.6	51.5	51.9	7.1	55.9

3.常用人体基本尺寸

根据人体尺寸设计出适合人们需求的生活空间，满足人们随着生活水平的提高而日益增长的生活需求。

↑门高

（1）身高

身高是指人身体垂直站立时、眼睛向前平视时从脚底到头顶的垂直距离。主要应用于确定通道的高度与门、床等家具的长度，行道树的分枝点的最小高度。一般建筑规范规定的和成批生产预制的门与门框高度都适用于99%以上的人，所以这些数据可能对于确定人头顶障碍物高度更为重要。身高测量时不能穿鞋袜，而顶棚高度一般不是关键尺寸，所以选用百分点是要选用高百分点数据。

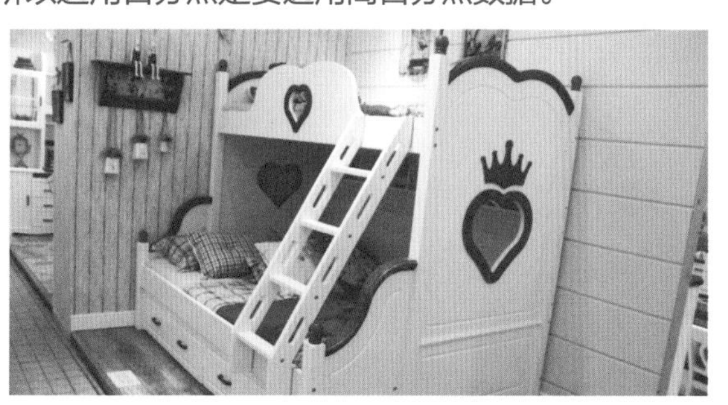

↑床高

（2）立姿眼睛高度

立姿眼睛高度是指人身体垂直站立、眼睛向前平视时从脚底到内眼角的垂直距离（见下表）。主要应用于在会议室、礼堂等处人的视线；用于布置广告或者其他展品；用于确定屏风与开敞式办公室内隔断的高度。

立姿人体尺寸表（单位：mm）

百分位数 测量项目	男（18～60岁）					女（18～55岁）				
	1	10	50	90	99	1	10	50	90	99
眼高	1435	1495	1570	1645	1705	1335	1390	1455	1520	1580
肩高	1245	1300	1365	1435	1495	1165	1210	1270	1335	1385
肘高	925	970	1025	1080	1130	875	915	960	1010	1050
手功能高	655	695	740	785	830	630	660	705	745	780
胫骨点高	395	415	445	470	495	365	385	410	435	460

↑会议室设计

↑展示设计

由于是光脚测量的，所以要加上鞋子的厚度，男子大约25mm，女子大约75mm。百分位的选择将取决于空间场所的性质，空间场所相对私密性的要求较高，那么设计的隔断高度就与较高人的眼睛高度密切相关，第95百分点或更高；反之隔断高度应考虑较矮人的眼睛高度，第5百分点或更低。

↑住宅空间的隔断是用来分隔空间布局，将住宅的格局精细化，同时又保证每个空间相互流通。

↑商业空间的隔断主要是丰富整个展厅，同时以不同高度的展柜呈现产品，满足不同身高人群。

（3）两肘宽度

两肘之间的宽度是指两肘在弯曲时，自然靠近身体，前臂平伸时两肘外侧面之间的水平距离。这些数据可用于确定会议桌、餐桌、柜台等周围的位置。

（4）肘部平放高度

是指座椅坐面到肘部尖端的距离。用于确定椅子扶手、工作台、书桌、餐桌与其他设施的高度。肘部平放高度的目的是为了使手臂得到舒适的休息。这个高度在140～280mm之间最合适。

（5）肘部高度

肘部高度是指从脚底到人的前臂与上臂结合处可弯曲部分的垂直距离。主要用于确定站着使用的工作平台的舒适度，像梳妆台、柜台、厨房案台等。通常，这些台面最舒适的高度是低于人的肘部高度76mm。另外，休息平面的高度应该低于肘部高度25～38mm。

↑梳妆台是家庭的私有物件，在高度上设计以拿取物品方便为主。

↑柜台主要以展示功能为主，且所展示商品不可随意拿取。

（6）坐高

坐高是指人挺直坐着或者放松时，座椅座面到头顶的垂直距离。用于确定座椅上方障碍物的允许高度。在布置双层床时，或者进行创新的节约空间设计等时要用这个尺寸来确定高度。座椅的倾斜、座椅软垫的弹性、帽子的厚度以及人坐与站时的活动都是要考虑的重要因素（见下表）。

坐姿人体尺寸表（单位：mm）

百分位数 / 测量项目	男（18～60岁）				女（18～55岁）			
	1	10	50	90	1	10	50	90
坐高	835	870	910	945	790	820	855	890
坐姿颈椎点高	595	625	655	690	565	585	615	650
坐姿眼高	730	760	795	835	680	705	740	775
坐姿肩高	540	565	595	630	505	525	555	585
坐姿肘高	215	235	265	290	200	225	250	275
坐姿大腿厚	105	115	130	145	105	115	130	145
坐姿膝高	440	465	495	525	410	430	460	485
坐深	405	430	455	485	390	410	435	460
臀膝距	495	525	555	585	480	500	530	560
坐姿下肢长	890	935	990	1045	825	865	910	960

垂直角度

（7）坐时眼睛高度

坐时眼睛高度是指坐时内眼角到坐面的垂直距离。当视线是设计问题的中心时确定视线与最佳视区就要用到这个尺寸，这类设计包括剧院、礼堂、教室与其他需要良好试听条件的室内空间。头部与眼部的转动角度，座椅软垫的弹性，座椅面距地面高度与可调座椅的调节角度范围等这些因素都要考虑。

←剧院、礼堂在座位设计时，都是以阶梯式上升设计，后一排的座位高于前一排，当整个室内全部坐满之后，每个人的视线都能够看到舞台中央，以一个相对舒服的视野观看舞台。

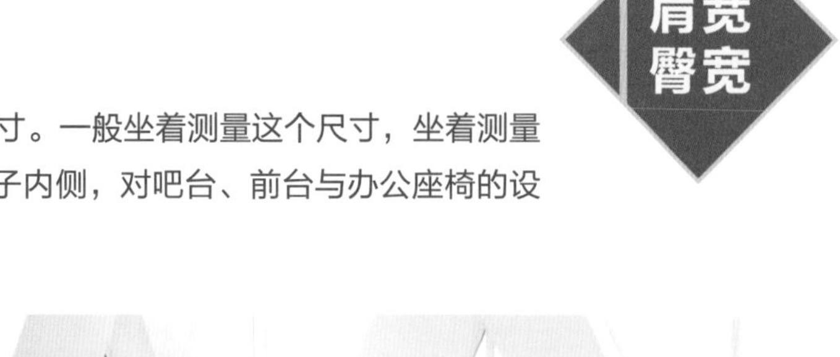

（8）肩宽

肩宽是指人肩两侧三角肌外侧的最大水平距离。肩宽数据可用于确定环绕桌子的座椅间距与影院、礼堂中的座位之间的间距，也可确定室内外空间的道路宽度。

肩宽臀宽

（9）臀宽

臀部宽度是指臀部最宽部分水平尺寸。一般坐着测量这个尺寸，坐着测量比站着测量的尺寸要大一些。对扶手椅子内侧，对吧台、前台与办公座椅的设计有很大作用。

→根据人体的坐姿及肩宽数据，在办公空间设计时，根据人体臀部的最宽部分的水平尺寸进行测量设计，同时根据人体坐下后需要一定的活动范围，整个桌面的长度控制在1500mm以内。

（10）大腿厚度

大腿厚度是指从座椅面到大腿与腹部交接处的大腿端部之间的垂直距离。柜台、书桌、会议室、家具及其他一些设备的关键尺寸与大腿厚度息息相关，这些设备需要把腿放在工作面下面。特别是有直立式抽屉的工作面，要使大腿与腿上方的障碍物之间有适当的活动空间。

（11）膝盖高度

膝盖高度是指从脚底到膝盖骨中点的垂直距离。这些数据是为了确定从地面到书桌、餐桌、柜台底面距离的关键尺寸，尤其适用于使用者需要把大腿部分放在家具下面的场合。坐着的人与家居地面之间的靠近程度，决定了膝盖高度与大腿厚度是否是关键尺寸。同时，座椅高度、坐垫的弹性、鞋跟的高度等都需要考虑。

↓人体基本尺寸是设计师在设计中需要着重把握的要点，人体基本尺度是人体尺寸研究的最基本的数据之一。它主要以人体构造的基本尺寸为依据，通过研究人体对环境中各种物理、化学因素的反应和适应力，分析环境因素生理、心理以及工作效率的影响程序，确定人在生活、生产和活动中所处的各种环境的舒适范围和安全限度，所进行的系统数据比较与分析结果的反映。在空间设计中融入人体尺寸。

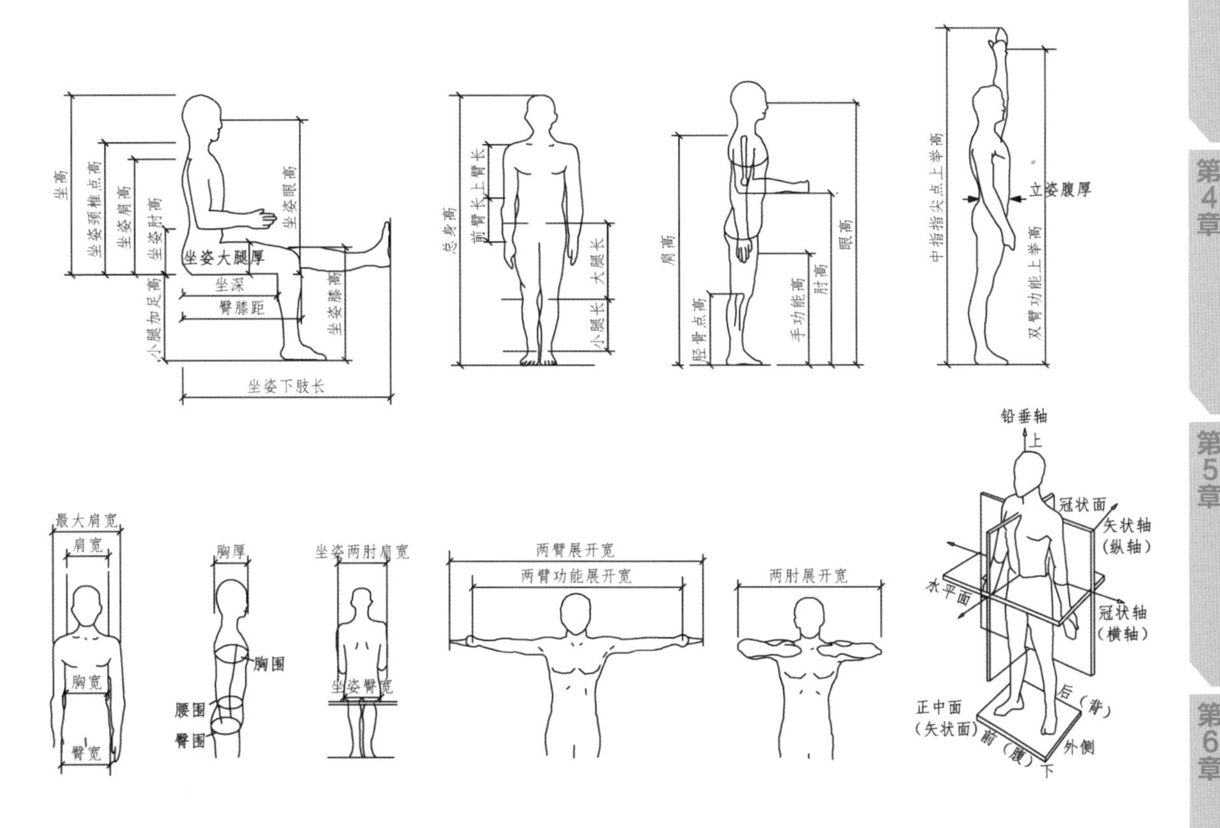

↑通过铅垂轴与横轴的平面与其平行的所有平面都称为冠状面。平面将人体分为前、后两部分；与矢状面、冠状面同时垂直的所有平面都称为水平面。水平面将人体分为上、下两个部分。眼耳平面通过左、右耳屏点及右眼眶下点的水平面称为眼耳平面或者法兰克福平面。

4.人体尺寸数据

群体的人体尺寸数据近似服从正态分布规律，具有中等尺寸的人数最多，随着对中等尺寸偏离值加大，人数越来越少。人体尺寸的中值就是它的平均值，以中国成年男子（18～60岁）的身高为例。

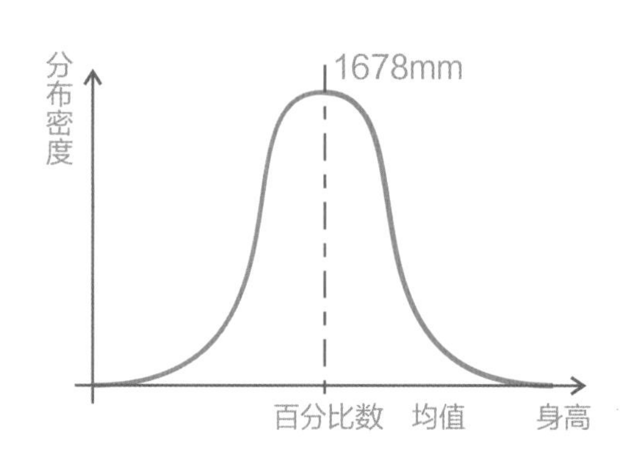

←约1678mm的中等身高者人数最多，身高与此接近的人数也较密集，身高与1678mm差得越多、人数越少，由于正态分布曲线的对称性，可知中值1678mm就是全体中国男子身高的平均值，且身高高于这一数值的人数与低于这一数值的人数大体相等。这个是（群体人体尺寸）身高的数据近似服从正态分布规律。

人体基本尺寸之间一般具有线性比例关系，身高、体重、手长等是基本的人体尺寸数据，它们之间一般具有线性比例关系，这样通过身高就可以大约计算出人体各部位的尺寸。通常可以取基本人体尺寸之一作为自变量，把某一人体尺寸表示为该自变量的线性函数式：

$$Y=aX+b$$

Y为人体尺寸数据，X为身高、体重、手长等基本人体尺寸（之一），a、b为（对于特定的人体尺寸）常数。

这个公式对不同种族、不同国家的人群都是适用的，但关系式中的系数a与b却随不同种族、国家的人群而有所不同。

人体功能是当人在做某一个动作时所产生的效应，人在室内外空间中有各种姿态，例如站姿、坐姿、伸展、跪姿、卧姿等，这些动作都跟空间有着强大的联系。例如设计师在进行家具设计时，家具是能起到支承、储藏和分隔作用的器具，它是构成室内环境的基本要素。家具设计的基准点就在人体上，即要根据人体各部分的需要以及活动范围来设计家具。首先必须搞清使用人数的多少，以及每个人活动的面积和行动方向。其次，必须搞清楚使用空间的性质、占用面积和家具的数量等。这样，空间范围就可以确定下来，人在这个空间内活动就不会受到约束。

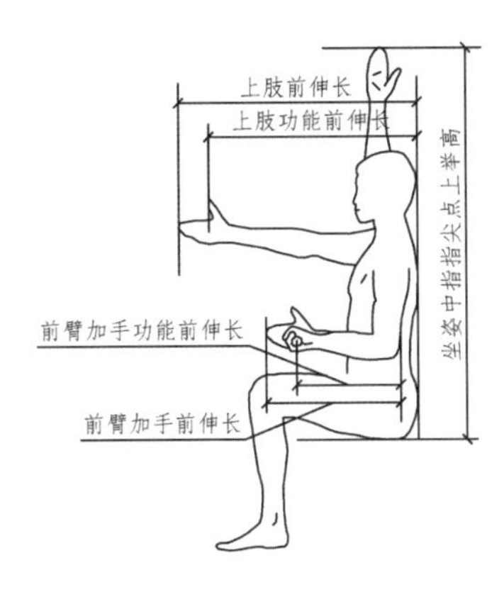

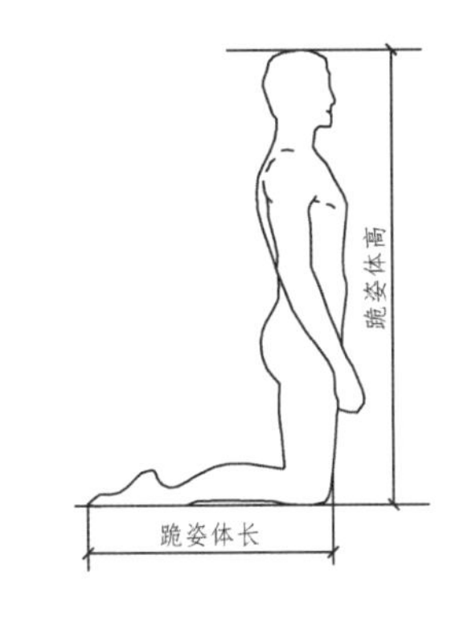

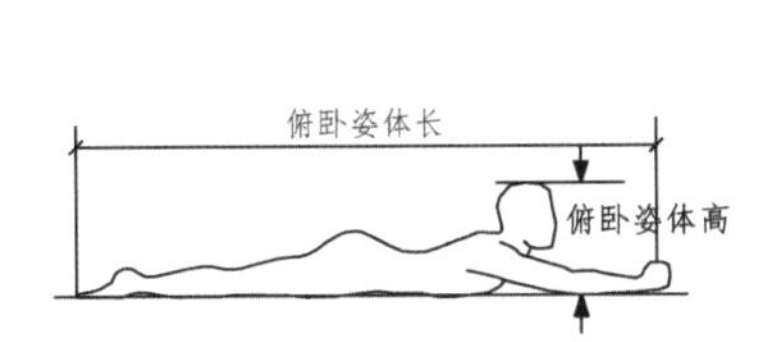

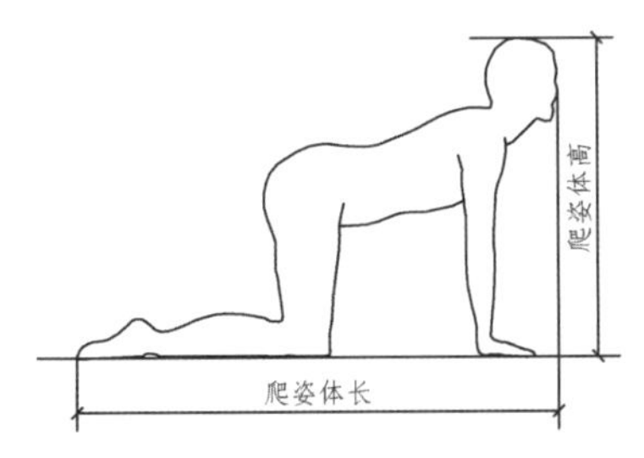

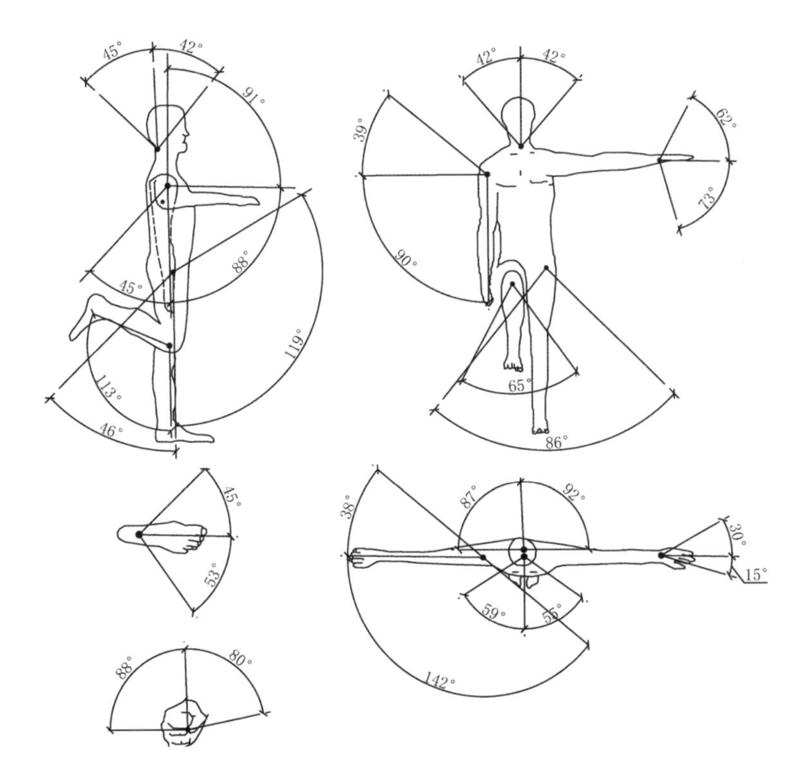

←↑人在活动时以扇形或者圆形的形态来活动，以身体的活动部位为中心点向外扩展，就是人体的活动范围，在空间设计时应该考虑到人体的活动空间，保证人在整个空间内不会感到拘束。

人体尺寸的增长过程，通常男性15岁，女性13岁双手的尺寸就达到一定值。男性17岁、女性15岁脚的大小也基本定型，女性18岁结束，男性20岁结束。此后，人体尺寸随年龄增加而缩减，而体重、宽度及围长的尺寸却随着年龄的增长而增加。一般来说，青年人比老年人身高高一些，老年人比青年人体重重一些。男人比女人高一些，女人比男人矮小一些。在进行具体设计时必须判断与年龄的关系，是否适用于不同的年龄。对工作空间的设计应尽量使其适应于20~65岁的人。美国人的研究发现，45~65岁的人与20岁的人相比，身高减少40mm，体重增加6~10kg。

下表是以18~60的男性与18~55岁女性为测试对象，从身高、体重、上臂长、前臂长、大腿长、小腿长等几个方面进行测量，从而得出具有参考性的数据。

基本人体尺寸 （单位：mm）

百分位数 / 测量项目	男（18~60岁）					女（18~55岁）				
	1	10	50	90	99	1	10	50	90	99
身高	1545	1605	1680	1775	1815	1450	1505	1570	1640	1695
体重	45	50	60	70	85	40	45	50	65	70
上臂长	280	295	315	335	350	250	265	285	305	320
前臂长	205	220	235	255	830	185	200	215	230	240
大腿长	415	435	465	495	525	385	410	440	465	495
小腿长	325	345	370	395	420	300	320	345	370	390

下表测试对象相同，测量项目为：肩宽、臀宽、坐姿臀宽、胸围、腰围、臀围等。

基本人体尺寸 （单位：mm）

百分位数 / 测量项目	男（18~60岁）					女（18~55岁）				
	1	10	50	90	99	1	10	50	90	99
肩宽	330	350	375	395	415	305	330	350	370	385
臀宽	275	290	305	325	345	275	295	315	340	360
坐姿臀宽	285	300	320	345	370	295	320	345	375	400
胸围	760	805	865	945	1020	715	760	825	920	1005
腰围	620	665	735	860	960	620	680	770	905	1025
臀围	780	820	875	950	1010	795	840	900	975	1045

下表为人体各部位的角度活动范围。

人体各部位的角度活动范围				
身体部位	移动关节	动作方向	动作角度	
			编号	活动角度（°）
头	脊柱	向右转	1	55
		向左转	2	55
		向一侧弯曲	3	40
		向一侧弯曲	4	40
肩胛骨	脊柱	向右转	5	40
		向左转	6	40
臂	肩关节	外展	7	90
		抬高	8	40
		屈曲	9	90
		内收	10	140
		极度伸展	11	40
手	腕（枢轴关节）	背屈曲	12	65
		掌屈曲	13	75
		内收	14	30
		外展	15	15
		掌心朝上	16	90
		掌心朝下	17	80
腿	髋关节	内收	18	40
		外展	19	45
小腿	膝关节	屈曲时回转	20	30
		屈曲	21	135
足	踝关节	内收	22	45
		外展	23	50

5.人体测量

人体测量学是一门通过测量人体各部位的尺寸，来确定个人之间与群体之间在人体尺寸上的差别的科学，主要用测量与观察的方法来描述人体的特征状况，是建筑构造结构与家具设计的重要资料之一。各种机械设备、环境设施、家具尺度、室内活动空间等都必须根据人体测量数据进行设计。

图解小贴士

维特鲁威和建筑十书

维特鲁威是公元1世纪初一位罗马工程师，他的全名叫马可维特鲁威（Marcus Vitruvius Pollio）。他在总结了当时的建筑经验后编写成了一部名叫《建筑十书》的关于建筑和工程的论著，全书共十章。这本书是世界上遗留至今的第一部完整的建筑学著作，也是现在仅存的罗马技术论著。他最早提出了建筑的三要素“实用、坚固、美观”，并且首次谈到了把人体的自然比例应用到建筑的丈量上，并总结出了人体结构的比例规律。此书的重要性在文艺复兴之后被重新发现，并由此点燃了古典艺术的光辉火焰。

（1）测量范围

1）**构造尺寸**。是指静态的人体尺寸，它是指人体处于固定的状态下测量的尺寸。它对于人体有密切关系的物体有很大联系。比如手臂长度、腿长度、座高等。可以测量许多不同的标准状态与不同的部位。

2）**功能尺寸**。是指动态的人体尺寸，也称为动态人体测量，它是人在活动时所测量得来的，包括动作范围、动作过程、形体变化等。人在进行肢体活动时，所能达到的最大空间范围，得出这个数据能保证人在某一空间内正常活动。在任何一种身体活动中，身体各部位的动作并不是独立完成的，而是协调一致的，具有连贯性与活动性。

（2）测量姿势

1）**直立姿势**。被测者挺胸直立，头部以眼耳平面定位，眼睛平视前方，肩部放松，上肢自然下垂，手伸直，手掌朝向体侧，手指体贴大腿侧面，膝部自然伸直，左、右足后跟并拢，前端分开，使两足大致呈45° 夹角，体重均匀分布于两足。为确保直立姿势正确，被测者应使足后跟、臀部、后背与同一铅垂面相接触。

2）**坐姿**。被测者挺胸坐在被调节到腓骨头高度的平面上，头部以眼耳平面定位，眼睛平视前方，左、右大腿大致平行，膝弯曲大致呈直角，足平放在地面上，手轻放在大腿上。为确保坐姿正确，被测者的臀部、后背部应同时靠在同一铅面上。

（3）测量设备

常见的测量工具是皮尺，具有价格低廉，使用方便的优势，但是测量精度不高。

目前最流行的人体测量设备是人体成分分析仪，人体成分分析仪具有广泛的应用，可应用于内科、外科、儿科、产科、重症监护、康复、运动医学和美容。在健康营养学中，被认为是健康产业划时代的成果：减肥健康咨询管理系统，一位优秀的健康顾问，它为每个测试者提供独立的健康分析数据。人体成分分析仪统计法测量人体成分：体重、肥胖度判断、身体年龄、基础代谢量、肌肉量、推定骨骼量、生体脂肪率、内脏脂肪水平、锻炼模式等。

↑皮尺是一种可以随意弯曲的软质测量工具，皮尺分两面，一边是厘米，一边是寸，一寸等于33mm。当其他测量工具无法测量时皮尺良好的弯曲性正好解决了这一难题。

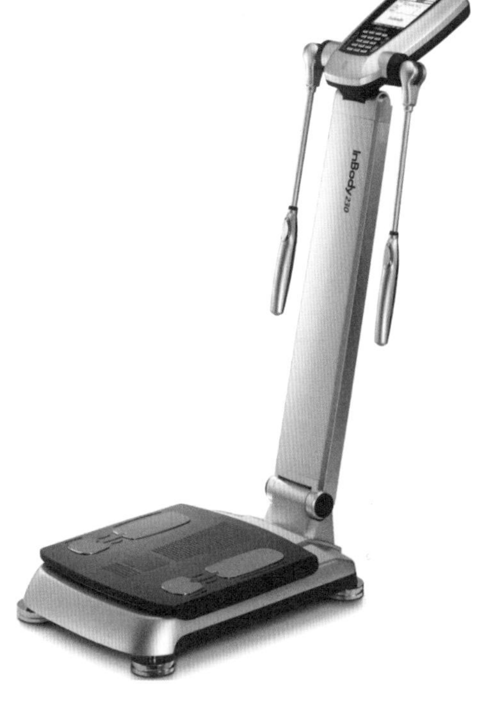

↑人体成分测量仪测量的数据很大，能满足各类人体测量需要。

图解小贴士

测量人体尺寸的方法

1）身高。被测者身体直立，在背面从头顶部位水平线量至齐脚跟的地面。

2）臀围。双腿靠拢站直，将皮尺经臀部最高点水平测量一圈即可。

3）肩宽。身体站直，手臂自然下垂，用皮尺贴身测量双肩顶点间的距离。

4）臂围。身体保持直立，手臂伸直下垂于体侧，皮尺沿上臂最粗的部位绕一周，手掌向上用力握拳屈肘，使肱二头肌尽量收缩，用皮尺在肱二头肌最突出处绕一周，量出收缩时的上臂围。

5）腿长。从侧面开始，由腰部习惯系腰带位置处起，向下量至脚后跟位置。

6）体重。体重是身体发育状况的基本指标，测量时，被测量者需穿背心和短裤，平稳地站在体重计上。测量误差不得超过0.5kg。

2.2 人的行为与尺寸

人体尺寸联系到住宅设计，其含义为以人为主体，运用人体计测、生理、心理计测等手段与方法，研究人体结构功能、心理、力学等方面与住宅环境之间的合理协调关系，以适合人的身心活动要求，取得最佳的使用效能，使人在安全、健康、舒适的住宅环境中生活。住宅设计是根据建筑物的使用性质、所处环境与相应标准，运用物质技术手段与建筑设计原理，创造功能合理、舒适优美、满足消费者物质与精神生活需要的住宅环境，例如厨房与浴室的设计，橱柜台面与浴室柜台面高度是不同的。

↑橱柜台面设计

↑浴室柜台面设计

人体尺寸与住宅设计结合可以称为住宅人体尺寸。住宅是人类永恒的话题，人类生活和住宅之间的联系是密不可分的，毋庸置疑，高素质的生活质量来自于高质量的住宅环境。社会的发展使人们物质生活与精神生活的水平不断提高，对住宅设计也有了新的条件与要求。舒适、安全、健康、经济的住宅设计已经成为设计师们必须妥善完成的一个任务，要达到这样的要求，需要运用到人体尺寸的知识。

1.心理与行为

心理决定行为，行为是心理的体现。从人的心理能否被感知到的角度来看，可以把心理现象区分为有意识与无意识。

（1）有意识的行为

意识就是现时正被人感知到的心理现象。我们在清醒状态下，能够意识到作用于感官的外界环境（如感知到各种颜色、声音、车辆、街道、人群等）；能够意识到自己的行为目标，对行为的控制；能够意识到自己的情绪体验；能够意识到自己的身心特点与行为特点。个人对自我的意识称为自我意识，意识使人能够认识事物、评价事物，认识自身、评价自身，并实现着对环境与自身的能动改造。

在室内空间尺寸中，人们进门第一件事就是在玄关前更换衣物、放下手中的物品，这是一个有意识且连续性的动作，因为每天这个动作都在重复，自然而然就成为了一个习惯性的动作，但是在做这些动作时自己是有意识的，也可以先做其他的动作；又如，在 L形厨房中，人们习惯一边做清洗工作，一边烹饪，相比于“一字形”的厨房，更加省时省力，不需要来回地跑动，只在一个小范围内来回地走动即可。

↑有意识行为

↑有意识的活动空间

（2）无意识的行为

除了有意识的行为活动，人还有无意识的行为活动。做梦的经验，梦境的内容可能被我们意识到，但梦的产生与进程是我们意识不到的，也是不能进行自觉调节与控制的，无法回忆起的记忆或无法理解的情绪常属于无意识之列。偶尔，无意识中的一些东西也会闯入意识之中，诸如失言说漏了嘴、笔误等。有意识的动作或经验可能在梦境中或者神经紧张时表现为无意识的东西。

而在室内空间中，无意识的动作也有可能是不经意间的碰撞，例如厨房的油烟机位置设计有缺陷，不小心就撞头了；又如家里的插座安装时没有经过合理安装设计，每次开灯都要摸索许久，这些都是空间设计中带来的无意识的行为。总之，无意识活动也是人反映外部世界的一种特殊形式。人借助于它来回答各种信号，而未能意识到这种反应的整个过程或它的个别阶段。在人的日常生活、学习与工作中，有意识的行为活动与无意识的行为活动是紧密相连的。

↑无意识行为

↑无意识的空间碰撞

2.行为与尺寸

室内空间设计是室内各种因素的综合设计，人的行为只是其中的一个主要因素。行为与室内空间设计关系主要表现在以下几个方面。

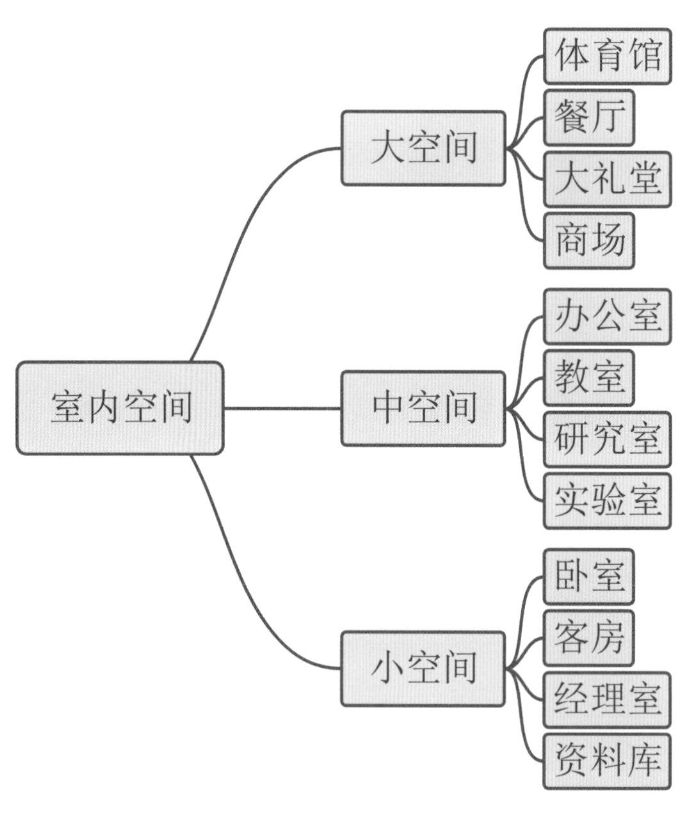

←确定行为与空间尺寸主要根据室内环境的行为表现，室内空间可分为大空间、中空间、小空间及局部空间等不同行为空间，依照人在各个不同空间所表现出来的行为举止，可以从中发现尺寸与行为的关系。

（1）大空间

主要是指公共行为的空间，如体育馆、观众厅、大礼堂、大餐厅、大型商场、营业厅、大型舞厅等。其特点是要特别处理好人际行为的空间关系，在这个空间里个人空间基本是等距离的，空间感是开放性的，空间尺度是大的。

↑体育场

↑餐厅

↑大型商场

↑营业厅

（2）中空间

主要是指事务行为的空间，如办公室、研究室、教室、实验室等。这类空间的特点，既不是单一的个人空间，又不是相互之间没有联系的公共空间，而是少数人由于某种事务的关联而聚合在一起的行为空间。这类空间既有开放性，又有私密性。确定这类空间尺度，首先要满足个人空间的行为要求，再满足与其相关的公共事物行为的要求。

中空间最典型的例子就是办公室，为了提高工作效率，这类空间正在向大空间发展。出现了所谓庭园式的办公厅。为了处理好个人与他人的关系，则采用半开敞的组合家具成组布置，既满足个人办公要求，又方便相互间的联系。

↑办公室

↑教室

（3）小空间

一般是指具有较强个人行为的空间，如卧室、酒店客房、经理室、档案室、资料库等。这类空间的最大特点是具有较强的私密性。这类空间的尺度一般不大，主要是满足个人的行为活动要求。

2.3 尺寸决定生活质量

良好的家居生活离不开尺寸的设计，其中包括家具尺寸、人体尺寸、空间大小以及居住者的习惯，都是决定生活质量的关键因素，对于成熟型设计师而言，设计出的每一个方案都是经过深思熟虑后的成品设计；而对于刚刚入行的设计者来说，对于尺寸的界限还很模糊，生活的阅历不够多，在尺寸设计上远远没有成熟型设计师的高瞻远瞩，尺寸对于室内外空间设计具有十分重要的意义。

1.餐桌设计

餐桌是每个家庭必备的生活家具之一。独居时，家中空间如果不大，那么餐桌的长度最好不要超过1.2m；两人世界则适合1.4～1.6m的餐桌；为人父母或者与老人合住的家庭则适用1.6m或者更大的餐桌。圆桌面直径可从150mm递增。在一般中小型住宅，如用直径1200mm餐桌，常嫌过大，可定做一张直径1.15m的圆桌，同样可坐8～9人，但看起来空间较宽敞。虽可坐多人，但不宜摆放过多的固定椅子。如直径1200mm的餐桌，放8张椅子，就很拥挤，可放4～6张椅子。在人多时，再用折椅，折椅可在储物室收藏。

↑适合独居者就餐

↑适合两人就餐

↑适合一家人就餐

↑适合多人就餐

2.沙发设计

沙发类型

客厅是人们在室内活动时间较长的空间，而沙发则是客厅必备的家具，如何巧妙地将各种造型的沙发融入到客厅空间也是一大设计要点。沙发的设计要符合整个家居空间的整体尺寸规格，不少人有过这样的经历，明明家里客厅的面积并不小，但是家具放进来之后觉得十分的拥挤不堪，而有的客厅面积很小，但是看起来井井有条，让人离不开视线。

小型客厅、中型客厅和大客厅在设计时应该遵循一定的尺寸设计原则。I形沙发就是我们最常见的一字形沙发，由于一字形的沙发在摆放上更具灵活性，所以更适合小户型的家庭使用。沿着墙面摆放的I形沙发能最大程度地节省空间，同时又能增加活动范围。L形沙发也可以称为转角沙发，转角沙发一般摆放在墙角转弯的地方，使客厅内部空间看上去更为美观。在小户型的L形沙发的选择上，可以选择多个沙发拼接而成，比如选择一张三人沙发加上一张单人沙发，营造出一种转角沙发的效果，具有可移动性的多种沙发组合，不仅可以根据自身的需求来随意变换摆放的空间，移动起来也更轻松便捷，相比单纯的I形沙发更具灵活性。U形沙发的组合形式可以使空间更为饱满，使居室显得更为充实立体，具有较强的装饰性的同时其舒适度也是值得肯定的。U形沙发能围合出一定的空间，因此具有隐形隔断的作用，这种形态的沙发是以组合的形式所展现出来的，根据客厅的大小来设计尺寸才是最佳的选择。

↑I形沙发

↑L形沙发

↑U形沙发

↑组合型沙发

3.衣柜设计

衣柜类型

衣柜深度尺寸如果小于650mm，通常设计为放小件的衣物；如果在650～1850mm之间设计为放季节性的衣服；在1850mm以上就设计为放不常用的衣物。假如要做到底的话，通常下柜做成2100mm，其余全归上柜。因为下柜做的太高的话，对门板的要求非常高，久了容易变形，太矮的话则不是很好看。抽屉的顶面高度最好小于1250mm，尤其是老年人的房间最好在1000mm左右，这样使用起来比较顺手，高度在150～200mm之间，宽度在400～800mm之间。如果使用的滑门是2门的，就不能设计在二分之一的位置，是3门的话就不能设计在三分之一和三分之二的位置，否则抽屉打不开，如果是4门及以上就不用考虑位置。

层板和层板间距应在400～500mm之间，太大和太小都不利于放置衣物。衣柜深度为530～620mm，这样使用起来比较方便。如果空间不是特别紧张的话，建议选择600mm的进深比较好，而且550～600mm的费用是差不多的，但是挂衣服的感觉就不一样了。长衣区不能低于1300mm，否则容易拖到柜底。安装挂衣杆的时候应该注意，挂衣杆一定要以衣柜内部实际进深为尺度取中，且距离上部的层板必须要有40～60mm的距离，这个尺寸必须满足，因为距离太短，以后放衣架子会比较费劲；距离太长，又铺张空间。挂衣杆也属于五金系列，好的挂衣杆两边至少应该有两到三个螺钉固定端头。

↑层板设计

↑抽屉设计

↑挂衣杆设计

↑衣柜设计

4.橱柜设计

橱柜类型

橱柜是家庭设计中必不可少的环节，橱柜的标准尺寸：吊柜高700mm、深300mm，地柜高800mm、深550mm，吊地柜之间700mm，这一标准只能说是橱柜公司计算价格的参照，并非适合客户的需求及厨房的具体情况，设计师还应该根据客户的实际情况做出调整，毕竟每个人的身高不同，操作的适合高度也不一样。

由于户型因素的影响，很多中小型厨房装修设计中会选择一字形橱柜，合理地利用厨房墙体的面积。小空间的厨房在选择一字形橱柜时，一般要选择宽度在550mm，太宽的橱柜就会占据更多的空间，部分户型没有厨房设计，设计师别出心裁地利用楼梯下部空间打造一面异形橱柜，完全满足日常使用。并不是所有的厨房户型都是方方正正的，难免会有一些缺陷，这时可选择L形橱柜，让有限的厨房空间得到最大限度的利用，无论转身还是储物都非常方便。

U形橱柜是很多年轻人喜欢的设计风格，不管厨房面积大还是小都能放得适合。且U形的橱柜设计好像把厨房独立地分离开来，下厨者站在这种空间里面烹饪美食，能够感受到来自空间的围合感与便利性。

↑一字形橱柜

↑异形橱柜

↑U形橱柜

↑L形橱柜

5.浴室柜设计

卫浴空间作为家中不可或缺的部分，它的设计关乎到家中日常生活的品质。合理规划这个并不宽裕的空间，布局尺寸规格统一的卫浴家具，卫浴空间的设计看似单调，却不简单。在如今高房价的时代下，家庭中浴室空间往往是最小的，也是最难设计的空间。浴室柜作为卫浴空间的主要收纳工具，它不仅要具备强大的防水功能，还要时尚美观，与整体的家居风格相符，在不规则的户型中，尺寸是所有设计的关键词。根据不同边角尺寸的细微差距，规划出不同的功能区域，便能合理利用所有死角。在有限的条件下，可以通过洗手台或者淋浴间的形状调整，获得更多的动线空间。

↑浴室柜设计

↑不规则的户型浴室设计

目前，市场上一般正常浴室柜的主柜高度在800～850mm（包含面盆的高度）之间。大部分浴室柜最常见的标准尺寸，长（一般包括镜柜在内）为800～1000mm，宽（墙距）为 450～500mm。浴室柜尺寸也可以根据实际需求直接向厂家定制，其大小基本差不多，尤其是高度，而浴室柜宽度尺寸则比较丰富，如一个超小的卫浴空间，那么就只能放台盆了,还有一种是挂墙式瓷盆，不仅美观，而且不占地方，长500mm左右。过于窄小的厕所空间需要小心死角空间浪费，所有家具围绕入门动线环绕展开安放，门的开向尽量避开使用频繁的洗手台和坐便器区域。

↑挂墙浴室柜

↑浴室柜定制

6.常用家具设计尺寸

家具都有一定的设计规格，部分家具可采取定制的方式，让家具更好地融入建筑格局，根据不同需求选择家具尺寸，合理规划空间（见下表）。

室内常用家具的设计尺寸			（单位：mm）
一、常见厨房家具尺寸			
序号	名称	深度	高度
1	地柜	500～800	850
2	吊柜	300～350	1450～1500
二、常见餐厅家具尺寸			
序号	名称	高度	宽度
1	餐桌	750～790	600～800
2	餐椅	450～500	400～610
3	吧台	900～1050	500
三、常见客厅家具尺寸			
序号	名称	宽度	高度
1	沙发	480～600	360～420
2	电视柜	300～350	450～600
3	茶几	400～600	380～500
四、常见卧室家具尺寸			
序号	名称	宽度	高度
1	衣柜	600	不限
2	移门	400～650	不限
3	挂衣杆	合理均分即可	上层板距离为40～60 下沿至底层板距离
4	床	1500、1800、2000	400～550
5	床头柜	550	800

（续）

室内常用家具的设计尺寸			（单位：mm）
6	梳妆台	400～500	500～760
7	书柜	250～400	格层高＞220
五、常见卫浴空间家具尺寸			
序号	名称	宽度	高度
1	浴缸	700×1600	420～500
2	淋浴房	不低于800×800	蓬头高度一般为2100

↑活动空间主要是指人体功能尺寸的空间，该空间尺度的大小主要取决于人的活动范围。如人在站、立、坐、卧、跪时，其空间所占的大小，主要是满足人的静态空间要求，这个时候所需要的空间较小；如人在室内走、跑、跳、爬时，其空间大小，主要是满足人的动态空间要求，这时所需要的空间相对于静态空间而言，空间需求有所上升。室内行为的坐立行、跑跳走都与我们的生活空间息息相关，这也是每一位室内外设计师的必修课，了解室内外各种尺寸及尺度的标准是设计师以后做设计的第一步，为设计师的设计生涯做好铺垫。

第3章 空间设计测量有妙招

识读难度：★★★☆☆

核心概念：空间尺寸、尺寸特征、尺寸解析

章节导读：

生活、工作习惯是主要的设计要求，根据这些要求进行测量才能获得实用数据。正确的尺寸设计来源于人对生活、工作的感知。因此，我们在测量时首先要考虑到的是人在空间中的行为习惯，而且不能以设计师个人的习惯以偏概全，要充分考虑他人的行为模式。在此基础上进行测量，得到的信息才能被加工提炼，获得更准确的数据，这也是最核心的测量妙招。

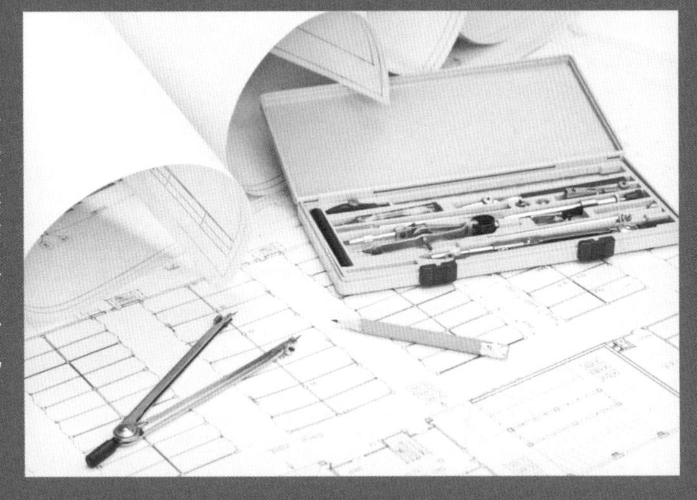

3.1 生活习性与设计

1.餐饮空间餐椅设计

椅子可分为办公椅、餐椅、咖啡椅、西餐椅、躺椅等，在家庭、办公室、酒店、公园都会出现不同的椅子。椅子的重要功能就是便于人们的工作、休息。

（1）座面与地面的高度

在餐饮空间中，不同国家与民族的人体尺度不尽相同，我国一般椅子座面高度为400～460mm，座面太高或太低都会对身体造成不同程度的不舒服，以至于导致身体肌肉疲劳或软组织受压等。对于目前我国休闲沙发来说座面高度一般为330～420mm，在符合人体工程的情况下沙发座前可高一些，这样通过靠背的倾斜使脊椎处于一个自然的状态之下。

（2）餐椅的坐感

餐椅不能太过于慵懒休闲，这样容易造成人因长时间坐姿而导致身体机能的不舒适。而且餐椅的大小要根据具体的空间大小来适当选择，不能占用太多的面积。椅子座面的宽度保证了人体臀部的全部支撑，在设计上需要留有一定的活动余地，可以使人随时调整坐姿。一般椅子座面宽要大于380mm，需根据是否有扶手来确定椅子的具体座面宽度。有扶手的椅子座面宽度要大于460mm，一般为520～560mm。如果多人沙发的座面宽度，根据人的肩膀宽度加上衣服的厚度再加上50～100mm的活动余量。

（3）餐椅沙发座面的深度

如果座面太深，背部支撑点悬空，膝窝处受压；如果座面太浅，大腿前沿软组织受压，坐久了使大腿麻木，并且会影响食欲。一般椅子深度为

↑沙发座面与地面的高度

↑沙发座面高度

↑座面的活动余量

↑座面宽度

400～440mm；用于休息的椅子与沙发，由于靠背倾斜度较大，座位深度可以深一些，一般为480～560mm。随着科技与工艺的不断进步，设计使得家具越来越多地呈现更为人性化的趋势，尤其对于座椅沙发来讲，更多的人性化商品通过设计已经出现在消费者的生活中。

从餐椅的设计中可以看出人的生活习惯与人体工学在餐饮空间设计中的运用十分广泛，不但可以让在厨房流水线上工作的员工降低疲劳感，更可以使顾客在任何时候都感受到轻松与舒适。餐厅是一家人就餐饮食之处，是家居必需区域。餐厅布局应以面积适中、间隔规整、四通八达为有利。一般情形，餐厅应该略小于客厅，但餐厅面积也不宜过小，这样会影响就餐的舒适度。

图解小贴士

常见住宅餐饮空间行为模式与特征

1）独居型。一人居住，讲求生活便利、简洁，移动性与变化性较大，需要一室一厅，对厨房与客厅要求不多，倾向于租房。就餐不拘于餐厅，开敞厨房的吧台、客厅的茶几都可以当作餐桌。

2）家庭工作室。生活模式前卫，家庭式工作模式，对工作、交往与聚会要求较高，餐厅通常也是会客厅，餐桌也是会客桌或会议桌，满足工作成员的就餐需要。

3）自主创业型。商业行为与居住结合，需要“上住下商”型的居住模式。餐饮空间一般在进门处，集成橱柜、吧台、桌面于一体。

4）丁克家庭。两个人生活，生活模式比较现代，享受两人世界的相处模式，对社会交往与聚会要求高，需要两室两厅的空间。餐饮空间的餐桌较大，但是一般为方形，适合放置西餐餐具。

5）三口之家。属于“2+1”的家庭模式，对居住环境要求高，需要两室一厅或者三室两厅的布局，同时需要具备儿童房、书房等空间功能。餐饮空间比较标准，位于客厅旁边，餐桌能坐下3~4人。

6）几代共居型。在这个空间内有老人、小孩与父母一起居住，属于传统的家居模式，对居住环境要求高，需要独立的餐厅，甚至在厨房内还设有橱柜连体小餐桌，供少数人临时就餐使用。

2.住宅空间与功能

住宅空间的设计核心是居住空间的舒适性，是设计让生活变得更加的丰富多彩。住宅内功能空间通常被划分为三类分别为公共空间、个人空间、储物空间。

（1）公共空间

公共空间是所有人都能进入到的空间，如客厅、餐厅等，其活动内容包括团聚、会客、视听、娱乐、就餐等行为。公共活动空间具有文化与社交内涵，反映了一个家庭生活形态，它面向社会，是外向开放的空间，按私密领域层次区分，它应布置在住宅的入口处，便于家人与外界人员的接触。通常客厅与餐厅是一进门视线就能看到的空间，也是对房屋主人生活品位的展示。

↑客厅

↑餐厅

（2）个人空间

个人空间是不被他人打扰的空间，如卧室、学习工作室、厨房，活动内容为休息、睡眠、学习、业余爱好、烹饪等。个人活动空间具有较强的私密性，也是培育与发展个性的场所，是内向封闭的空间，它应布置在住宅的进深处，以保证家庭成员个人行为的私密性不受外界影响。从房屋布局来看，一般卧室、书房都是在屋子的最深处，家里来客人了也不会去打扰的空间，私密性较强。

↑卧室

↑书房

（3）储物空间

储物空间主要是用于存储家庭成员的生活用品及生活杂物，如卫浴空间、库房、存衣间等。活动内容为淋浴、便溺、洗面、化妆、洗衣及衣物储存等，储物存放空间其私密性极强，是维护卫生、保持家庭整洁的必要空间，它应设在前两类空间之间。

↑卫浴间

↑衣帽间

3.空间特征

在一套住宅面积不太大的情况下要有明确的功能分区会存在一定困难，但也有灵活变动的布置，如将厨卫集中靠近入口处，起居室与主卧室，或主、次卧室设在朝向好的位置，但必须布置紧凑，用地节约。这样生活就有规律，相互不会干扰。

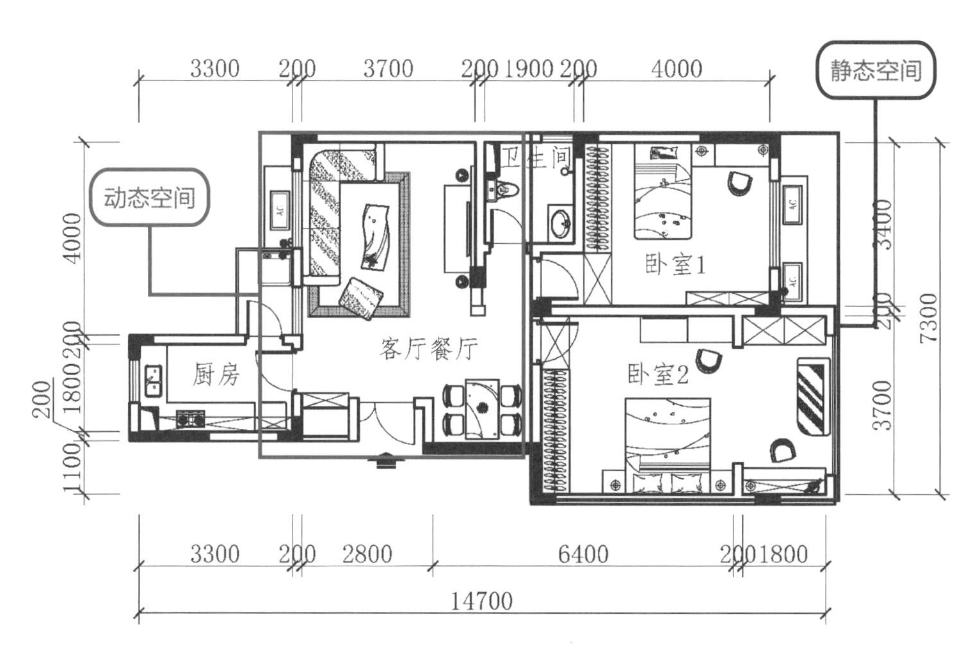

↑从平面布置图中可以看出，一进门就是整个公共空间，左边是客厅，右边是餐厅。

其次是卫浴间与厨房，再往里走才是住宅主人的私密空间，各个空间相互关联，但是又是独立的小空间。

使用者在生理上的需求得到满足以后，心理需求就变得越来越重要，如居住房间的领域感、安全感、私密感；居住环境的艺术性、人情味等。

↑公共空间是房屋主人日常休闲娱乐、接待亲朋好友的场所。

↑走道是连接整个房屋的动态设计，在设计时不要设计太多的转角。

↑私密空间是房屋主人的独享空间，这个空间是不允许贸然进入的，是属于房屋主人的个人私密空间，设计时处于整个房间的最深处。

公共空间

环境设计是提高居住环境质量的另一个重要方面，一个好的外部环境，首先要有一个好的总平面布局，在总图设计时尽量避免外部空间的呆板划一，努力创造一个活泼、生动有机的室外空间；其次是环境设计，多考虑一些人际关系、邻里交往的需要，设置必要的公共活动空间。

↑厨房空间

↑卧室空间

↑室外空间设计

↑环境设计

在绿化设计时，应根据绿植的不同科目、不同形状、不同色彩、不同的季节变化进行有效搭配，来增加绿化的层次感；配置小品、雕塑，布置桌、椅，使绿地富有变化性。

↑景观小品设计

↑绿化层次设计

3.2 住宅空间的尺寸奥秘

近几年来，住宅设计一直是消费者关注的重点，消费者对舒适度以及环境质量更加关心。住宅建设也从“量变”发展到“质变”，从一开始消费者对量的追求逐渐过渡到对质的追求。这就要求设计师们在住宅设计中首先要建立商品价值观念，住宅的功能、质量都要与其价值相联系。

1.客厅空间设计

客厅是供居住者会客、娱乐、团聚等活动的空间。设计时主要考虑起居生活行为的秩序特征、主要家具摆放尺度需要、空间感受等。与之相对应的起居空间布局便是通过多人沙发、茶几、电视柜组合而成。客厅在家庭的布置中，往往占据非常重要的地位，在布置上一方面注重满足会客这一主题的需要，风格用具方面尽量为客人创造方便；另一方面，客厅作为家庭外交的重要场所，更多地用来凸显一个家庭的气度与公众形象。

↑欧式客厅

↑美式客厅

客厅在视觉设计上，首先是光源，客厅的色调偏中性暖色调，面积较小的墙壁与地面的颜色要一致，以使空间显得宽阔。照明灯具是落地灯与吊灯，落地灯一般放在不妨碍消费者走动之处，再与冷色调壁灯光配合，更能显出优美情调，吊灯要求简洁、干净利落。

↑灯光设计

↑氛围设计

作为家庭活动中心，现代意义的客厅整合了其他单一功能房间的内容，要满足家人用餐、读书、娱乐、休闲以及接待客人等多种需要，在预先合理的规划下，即使多人共处，活动内容不同也不会互相干扰。这种共处的效果不仅充分利用了有限空间，也无形中制造了一种安详和睦的居家气氛，使家庭成员之间得以进行无障碍的实时沟通，在固定的空间中不知不觉地拉近了情感距离。

↑就餐功能

↑娱乐功能

客厅在确定空间尺寸范围时，要考虑与活动相关的空间设计和家居设计是否符合个人因素，坚持以人为本的设计思想，选择最佳的百分位。客厅的大小面积不同、使用者的经济状况、生活方式、行为习惯等也有差异，所以客厅与其他区域空间的内部家具布置也会有很大差别。对于独立的起居空间而言，它对空间尺寸与面积往往是对客厅中一组沙发、一个电视柜、茶几等基本家具的占地面积及相应的活动面积进行分析得出的。

↑休闲、影视功能

↑会客、团聚功能

从传统审美上来讲，客厅的格局以方正为上，最好有个完整的角，或者有一面完整的墙面，以便布置家具，有的客厅空间面积比较小，那么就要避免使用弧角、斜角等空间形状，这样的形状难以利用。客厅的设计必须要考虑利用率，长宽比例要协调，面宽与进深严重影响着采光的问题，一般空间与进深的比例以不超过1：1.5为宜，面宽大，采光面越大；进深越长，房间后部就无法得到好的光照。

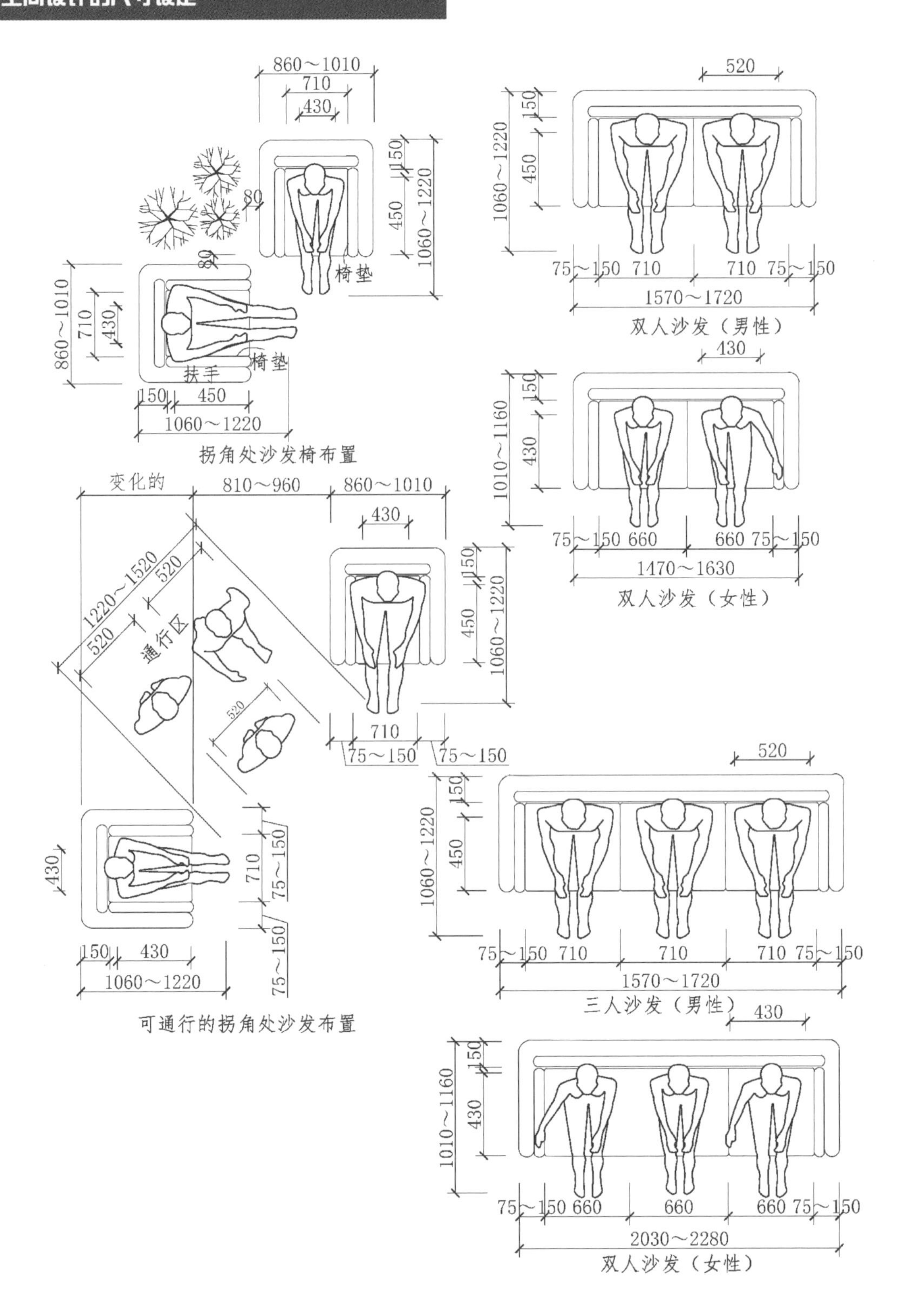

↑住宅空间内人体与家具之间的尺寸关系是所有空间尺寸设计的基础，这里列举的住宅类各空间各部位尺寸同样也能用于其他空间。

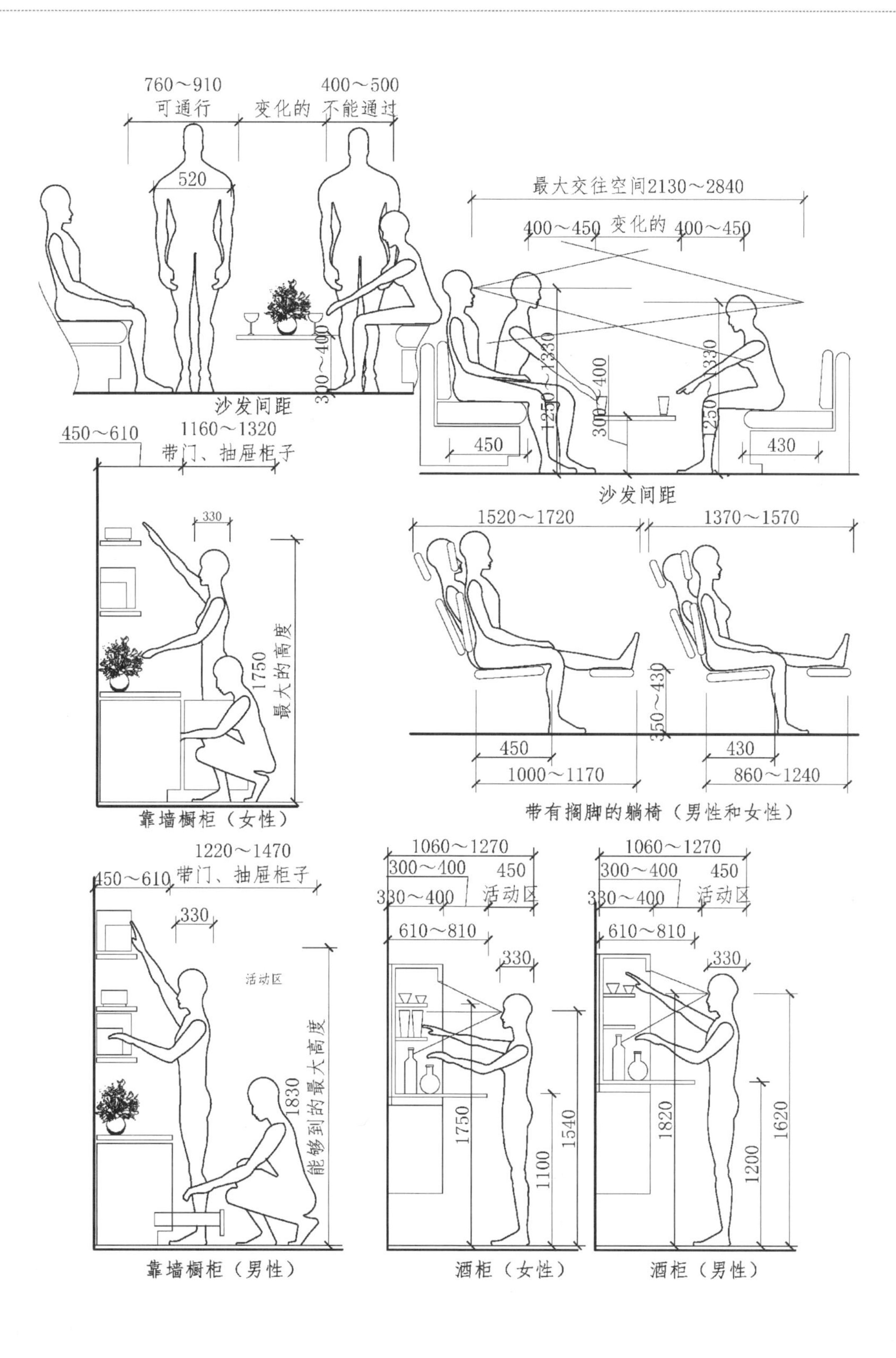
760～910
可通行
变化的
400～500
不能通过
520
300～400
沙发间距
最大交往空间2130～2840
400～450
变化的
400～450
1250～1330
300～400
1250～1330
450
430
沙发间距
450～610
1160～1320
带门、抽屉柜子
330
1750
最大的高度
靠墙橱柜（女性）
1520～1720
1370～1570
350～430
450
1000～1170
430
860～1240
带有搁脚的躺椅（男性和女性）
1220～1470
450～610
带门、抽屉柜子
330
活动区
1830
能够到的最大高度
靠墙橱柜（男性）
1060～1270
300～400
450
330～400
活动区
610～810
330
1750
1540
1100
酒柜（女性）
1060～1270
300～400
450
330～400
活动区
610～810
330
1820
1620
1200
酒柜（男性）

2.卧室空间设计

卧室是供居住者睡眠、休息的空间，是现在家庭生活必有的需求之一。卧室分为主卧、次卧，主卧通常指的是一个家庭场所中最大、装修最好的居住空间；次卧是区别于主卧的居住空间。卧室是居住者的私人空间，对私密性与安全性有着较高的要求，卧室空间设计是否合理，对人的学习生活有着直接的影响。

↑主卧大空间

↑次卧小空间

2011年修订的《住宅设计规范》（GB 50096—2011）规定：卧室之间不应穿越，应有直接采光、自然通风，其使用面积不宜小于下列规定：双人卧室为9m^2；单人卧室为5m^2；兼起居的卧室为12m^2。卧室、客厅的室内净高不应低于2.4m，局部净高不应低于2.1m，且其面积不应大于室内使用面积的1/3。

中性居室具有较大空间来满足规划要求，在使用需求上，要求布局方案或者布局风格完全不一样，最终确定的方案还会因实际环境的采光变化，使用实际需求发生改变。

↑中性布局方案

↑功能性布局方案

卧室空间的面积大小不同，布局方式也有所差异。较大的空间在整体布局中可以选择的功能性增加会变得容易，使用者可能会在居室功能性的重复方面，无可避免地存在于卧室中，存在于居室中重复的功能性的布局可以让使用者在一个地方完成更多事物的处理，提高居室的实际使用效率。整体布局中，可以增加的功能性布局：卫浴空间，办公区以及室内植物。

↑洗浴区设计

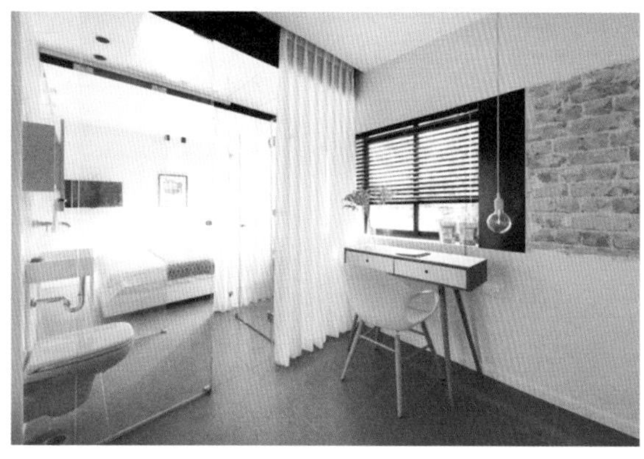

↑办公区设计

3.小面积简单布局

卧室是人们待的时间最久的一个空间，卧室的主要功能是作为休息区域而存在的，重要性居于所有家庭规划中的首要地位，规划是根据整体中的使用感受而做出布局决定。小居室兼顾功能性与易用性，所以在个人卧室中，以休息为第一需求，休息的舒适性首先步入考虑范围，卧床在卧室中占据最大的空间，最终在使用层面上达到布局要求。

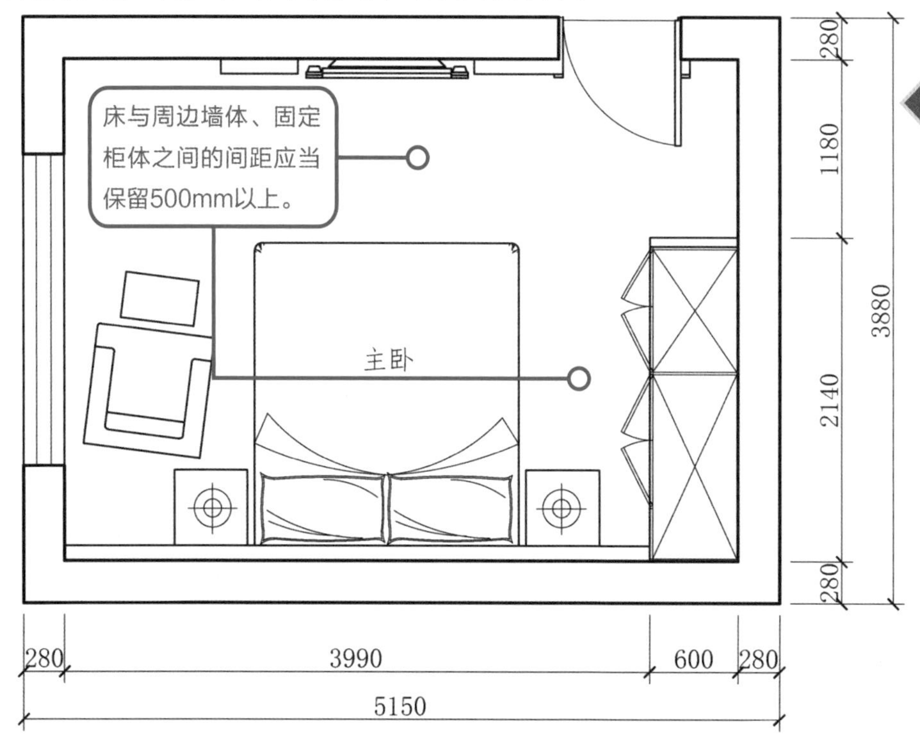

简单布局

←不同面积的卧室对床的摆放也是不同的，在没有其他条件制约下，卧室的床居中能体现卧室的主要使用功能，床的三面保持自由开放的状态，方便就寝。床与其他家具之间的间距保持500mm以上为佳。

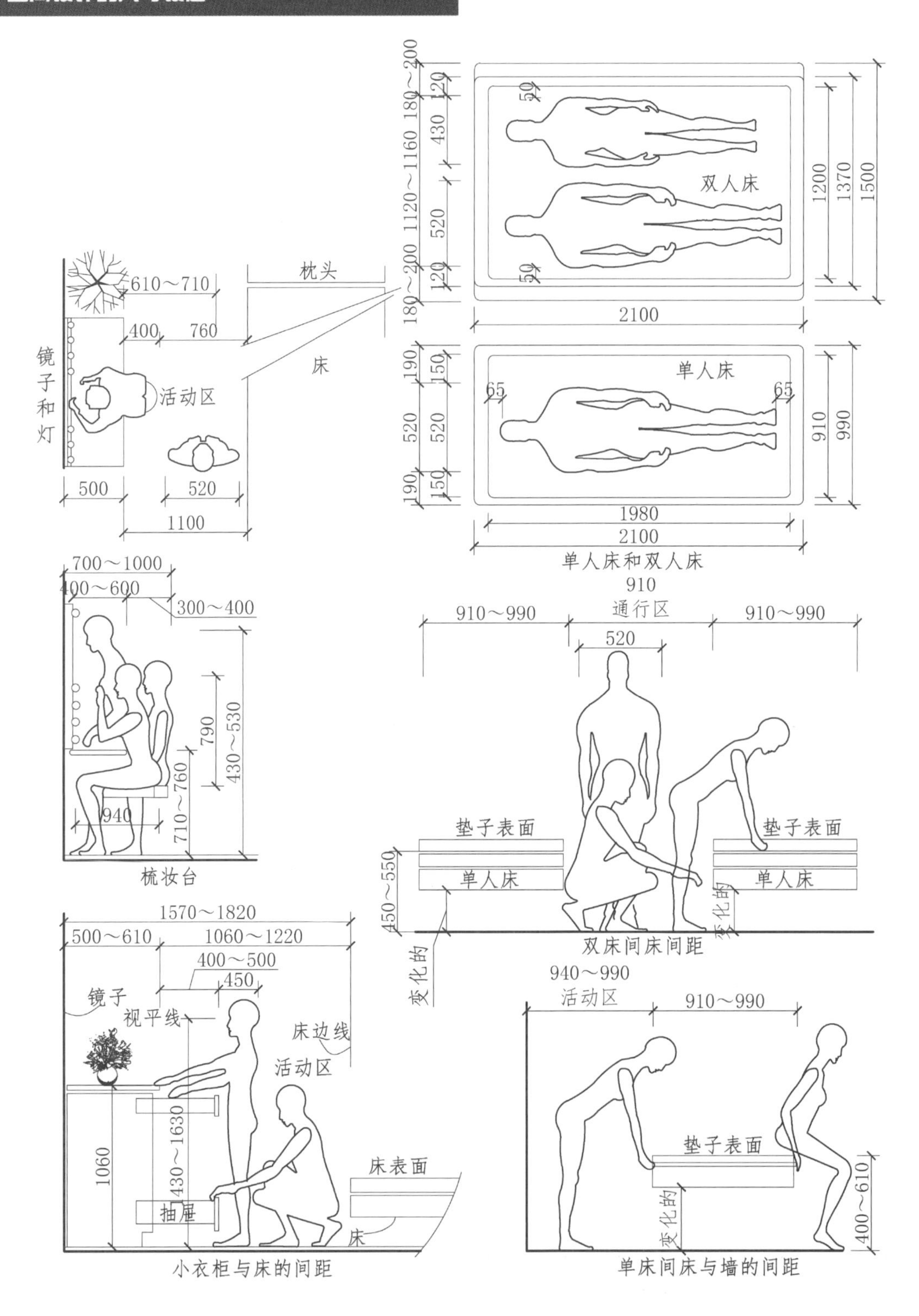

↑人体与床及卧室家具之间的尺寸是运用最广泛的，然而卧室的尺寸往往很小，在有限的面积里发挥无限的设计创意与尺寸设定能大幅度提高卧室的使用效率。

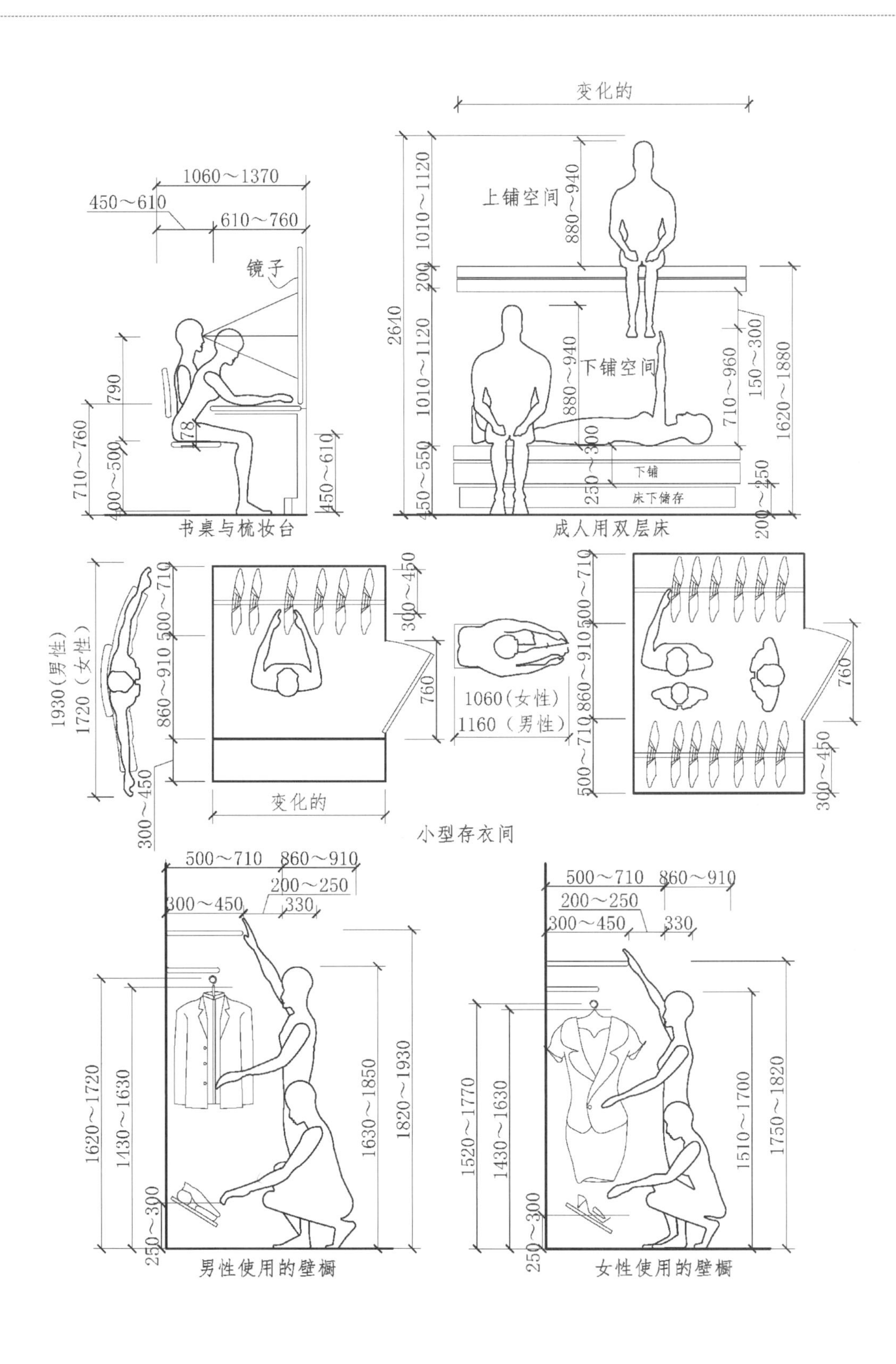
1060～1370
450～610
610～760
镜子
790
710～760
178
400～500
450～610
书桌与梳妆台
变化的
上铺空间
880～940
1010～1120
200
2610
1010～1120
下铺空间
880～940
710～960
150～300
1620～1880
450～550
250～300
下铺
床下储存
200～250
成人用双层床
1930(男性)
1720（女性）
860～910
500～710
300～450
760
1060(女性)
1160（男性）
变化的
小型存衣间
500～710
860～910
200～250
300～450
330
1620～1720
1430～1630
250～300
1630～1850
1820～1930
男性使用的壁橱
1520～1770
1430～1630
1510～1700
1750～1820
女性使用的壁橱

4.餐厅空间设计

餐厅布局

在现代家居中，餐厅以较强的功能适应性成为住户生活中不可缺少的部分，将餐厅布置好，既能创造一个舒适的就餐环境，也令客厅增色不少。在一定条件下，优良的餐厅设计往往能为创造更趋合理的户型起到中间转换与调整的作用。客厅与餐厅有机结合，形成一个布局合理、功能完善、交通便捷、生活舒适与富有情趣的户内公共活动区，继而形成优化的各区功能组合，满足现代住宅设计的需求，显得十分重要，也将直接影响到其他功能房间的布置方式。

（1）餐厅的布局方式

1）**独立式餐厅**。通常人们认为独立式餐厅是最为理想的格局，这种类型的餐厅要求卫生便捷、舒适安静，其照明应该集中在餐桌上面，光线应该是柔和的，色彩应该是素雅的。墙壁上还可以适当地挂一些风景画或是装饰画。在空间设计上，餐厅的位置应该靠近厨房，还要特别注意餐桌、椅子、餐边柜的摆放与布置都要与整个空间相结合，比如说方形和圆形餐厅，可以选用圆形或是方形餐桌，把它们居中放置；狭长的餐厅可以在靠墙或是靠窗的一边放一个长餐桌，桌子的另一侧要摆上椅子，这样空间就会显得大一些。

↑独立式餐厅设计

↑通透式餐厅设计

2）**通透式餐厅**。通透是指厨房与餐厅合并，这种情况就餐时上菜快速简便，能充分利用空间，较为实用。只是需要注意不能使厨房的烹饪活动受到干扰，也不能破坏进餐的气氛。最好尽量使厨房和餐厅有自然的隔断或使餐桌布置远离厨具，餐桌上方的照明灯具应该突出一种隐形的分隔感。这个类型的餐厅是最忌杂乱的，为了不让餐厨空间将整个大空间的清新感给破坏掉，就必须重视隔板、吊柜、橱柜等收纳工具的安排，它们往往会起到关键性作用。此外，还可以在吧台上摆放一些好看的餐布，或是作为装饰的花瓶以及经常会用到的咖啡壶。通过对柜子收纳功能的充分利用，餐厨空间几乎找不到凌乱的感觉。厨房与餐厅合并，餐区除了具有就餐功能，还具有烹饪功能。

共用餐厅

3）共用式餐厅。很多小户型住房都采用客厅或门厅兼做餐厅的形式，在这种格局下，餐区的位置以邻接厨房并靠近客厅最为适当，这个时候可以在起居室隔出一个理想的用餐区。在这种格局下，餐区的位置应该以邻接厨房并且靠近起居室最为适当，也就是说最好是把用餐区安排在厨房与起居室之间。这样做可以缩短食物供应与就座进餐的交通线路，同时还可以避免食物把地板弄脏。餐厅与起居室之间可以灵活布置，例如可以用壁式家具进行闭合式分隔，用屏风、花桶做半开放式的分隔，用矮树或是种植一些花草进行象征性的分隔，甚至是不做任何处理。这种格局下的餐厅要特别注意装饰效果，也就是造型与结构的美感，并且餐厅要和起居室在格调上协调统一。

↑通透式餐厅

↑共用式餐厅

（2）餐厅尺寸设计

布置餐桌与餐椅要方便人的就座，餐桌与餐椅以及餐椅与墙壁之间形成的过道之间的尺度要把握好。空间动作尺寸是以人与家具、人与墙壁、人与人之间的关系来决定的。例如人坐在餐桌前进餐时，椅背到桌边的距离约为500mm，当其起身准备离去时，椅背到桌边的距离约为750mm。人在室内行走时，一人横向侧行需要450mm的空间，正面行走需要600mm的空间，两人错行，其中一人横向侧身时共需900mm的空间。两人正面对行时则需1200mm的空间，根据上述尺寸就可以确定出餐厅的空间安排。当然，在实际设计时应采用稍有富裕的尺寸。

5.厨房空间设计

操作
布局

橱柜是厨房必不可少的，很多时候在外面看起来很满意的橱柜，一买回家就发现高度不适合，使用起来很不方便。厨房有属于它自己的适宜高度，不注意的话就会严重影响到我们的生活。凡是与人的使用有关的设施，其尺寸都要根据人的身体尺寸来确定。

（1）工作台尺寸

在厨房里干活时，操作台的高度对防止疲劳和灵活转身起到决定性作用。当身体长久地屈体向前20° 时，将对腰部产生极大负荷，长此以往腰疼也就伴随而来。所以，一定要依照身高来决定平台的高度。购买厨具时也应考虑高度，最好选择可调节高度的产品，以东方人的体形而言，以人体站立时手指触及洗涤盆底部为准。另外，加工操作的案桌柜体，其高度、宽度与水槽规格应统一，与工作台相连的水槽也不宜有障碍，应在视觉上形成统一。因此厨房操作台的宽度也有所不一。一般而言，如果家庭厨房的面积比较大一点，那么厨房操作台的宽度最好设计为600mm，这样的话，厨房内的水槽以及各种厨房灶具的安装余下的尺寸也相对要大，方便安装，而对于操作者来说，这样宽度的操作台使用起来也更加舒服，无论是进行清洗蔬菜还是烹饪都游刃有余。对于小户型的房子而言，可以适当地减小操作台面的宽度，或者选择一字形的操作台面。

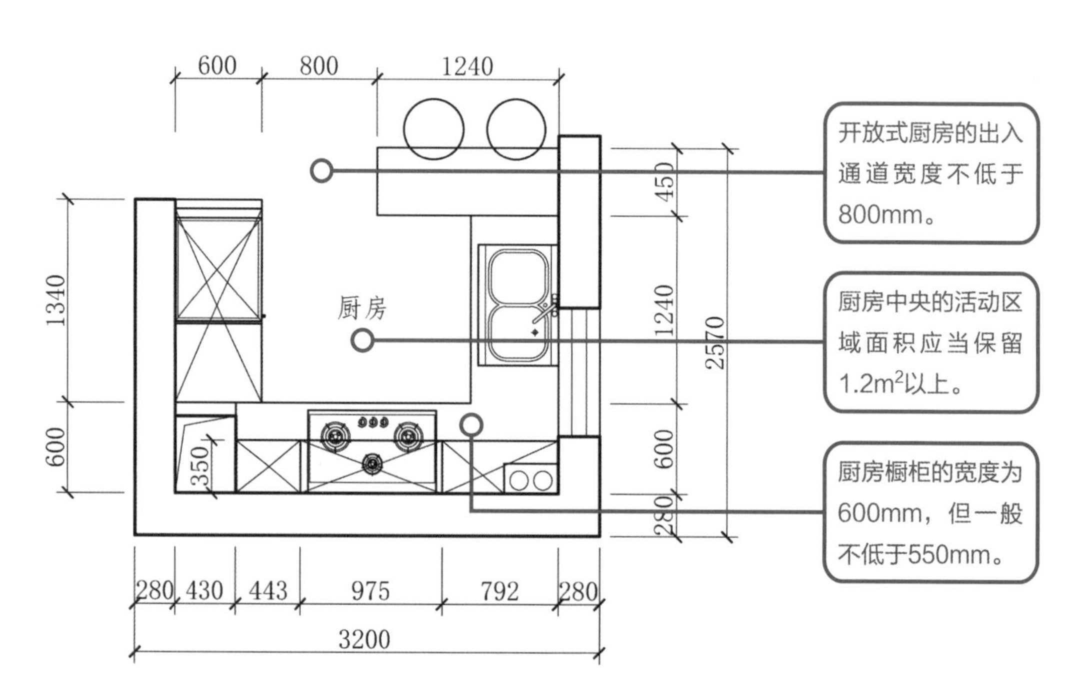

↑开敞式厨房能将餐厅功能容纳进来，最大程度提高了空间利用率，最主要的是能拓展厨房的功能区。

（2）吊柜尺寸

操作台上方的吊柜以能使主人操作时不碰头为宜。常用吊柜顶端高度不宜超过2300 mm，以站立可以顺手取物为原则，长度方面则可依据厨房空间，将不同规格的厨具合理地配置，让使用者感到舒适。如今厨房设计无论厨房高度如何，完全依据使用者的身高定制，才算是真正的以人为本的现代化厨房。吊柜底离地面的高度，主要考虑吊柜的布置不影响台面的操作、方便取放吊柜中物品、有效地储存空间以及操作时的视线，同时还要考虑在操作台面上可能放置电器、厨房用具、大的餐具等尺寸。为避免碰头或者影响操作，并兼顾储存量，吊柜深度应尽量考虑与地柜的上下对位，以增加厨房的整体感。同时吊柜门宽应不大于400mm，避免碰头。

（3）地柜宽度

由于厨房中与地柜配合的厨具设备较多，如洗涤盆、灶具、洗碗机等，为使厨房设备有效地使用，就要有一定数量的储藏空间与方便的操作台面，所以在设备旁应配置适当面宽的操作台面，而地柜的宽度除了考虑储藏量外，还要考虑到人体动作与厨房空间相协调，在厨房工作时不易产生疲劳感。

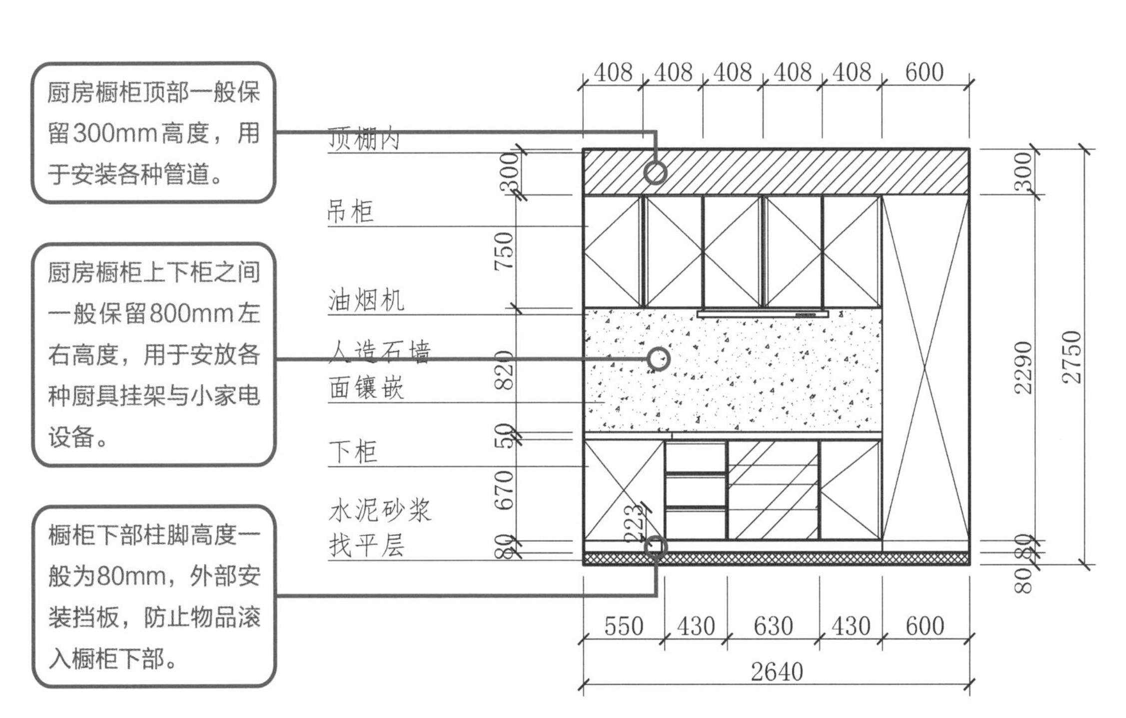

↑厨房吊柜距离地面最高位置不宜超过2300mm，柜体整体尺寸在2290mm，符合人体最高尺寸限度，吊柜尺寸在满足人体身高限度的同时，还应该以房屋主人的身高进行量身定制。地柜宽度需要结合厨房设施，应该与厨房设施相匹配。

（4）高立柜尺寸

考虑到厨房的整体统一，高立柜的高度一般与吊柜顶平齐，与地柜深度相同，在整体上保持一定的平衡性。为减轻高立柜的分量感与使用时灵活方便，高立柜的宽度不宜太宽，柜门宽度应不大于600mm。操作台用于完成所有的炊事工序，因此，高立柜的深度以操作方便、设备安装需要与储存量为前提。

（5）灶台与水槽尺寸

在厨房操作时，水槽与灶台之间的往返最为频繁，设计师建议把这一距离调整到两只手臂张开时的距离范围内最为理想，方便进行烹饪操作。燃气灶目前大多数是用干电池，进口燃气灶或个别燃气灶也有用交流电的，那么应考虑在燃气灶下柜安排插座，一般在下柜下面离地面约550mm左右，燃气头不要紧靠插座，同样在燃气灶下柜内，一般情况下离地600mm，如果燃气灶下面安置烤箱或嵌入式消毒柜，燃气头位置应该或左或右偏离此柜。水槽下方安排冷热水龙头，一般离地550mm为宜，因为常规下柜高度为800～850mm，水槽槽深一般为200mm左右，如有特殊需要使用粉碎机等电气设备，可以在水槽下柜内安排一个插座。厨房空间狭小，合理安装插座可以避免后期插座数量不够用或者距离太远带来的弊端，而在厨房使用插线板安全隐患较大。

↑高立柜尺寸

↑灶台与水槽尺寸

图解小贴士

橱柜设计技巧

1）油烟机和灶具一组尽量不要紧贴侧墙，避免锅沿等与墙壁相抵触。

2）橱柜靠墙一侧一定要考虑门口线的外凸，避免门、抽屉及拉篮的开合受到影响。

3）台面拐角的结合部必须有合理的面积范围，避免作用力的影响造成断裂。

4）注意插座的预留位置，台面与吊柜之间的插座要远离水槽的位置，冰箱的插座最好设定在正墙一侧或上侧，还有厨宝、微波炉、油烟机、消毒柜、烤箱等。

5）欧式油烟机上最好不设计吊柜和搁板，中式油烟机上的吊柜最好设计上翻门，避免对开门，门板高度要下延50mm以上，底板改为前后挡条。

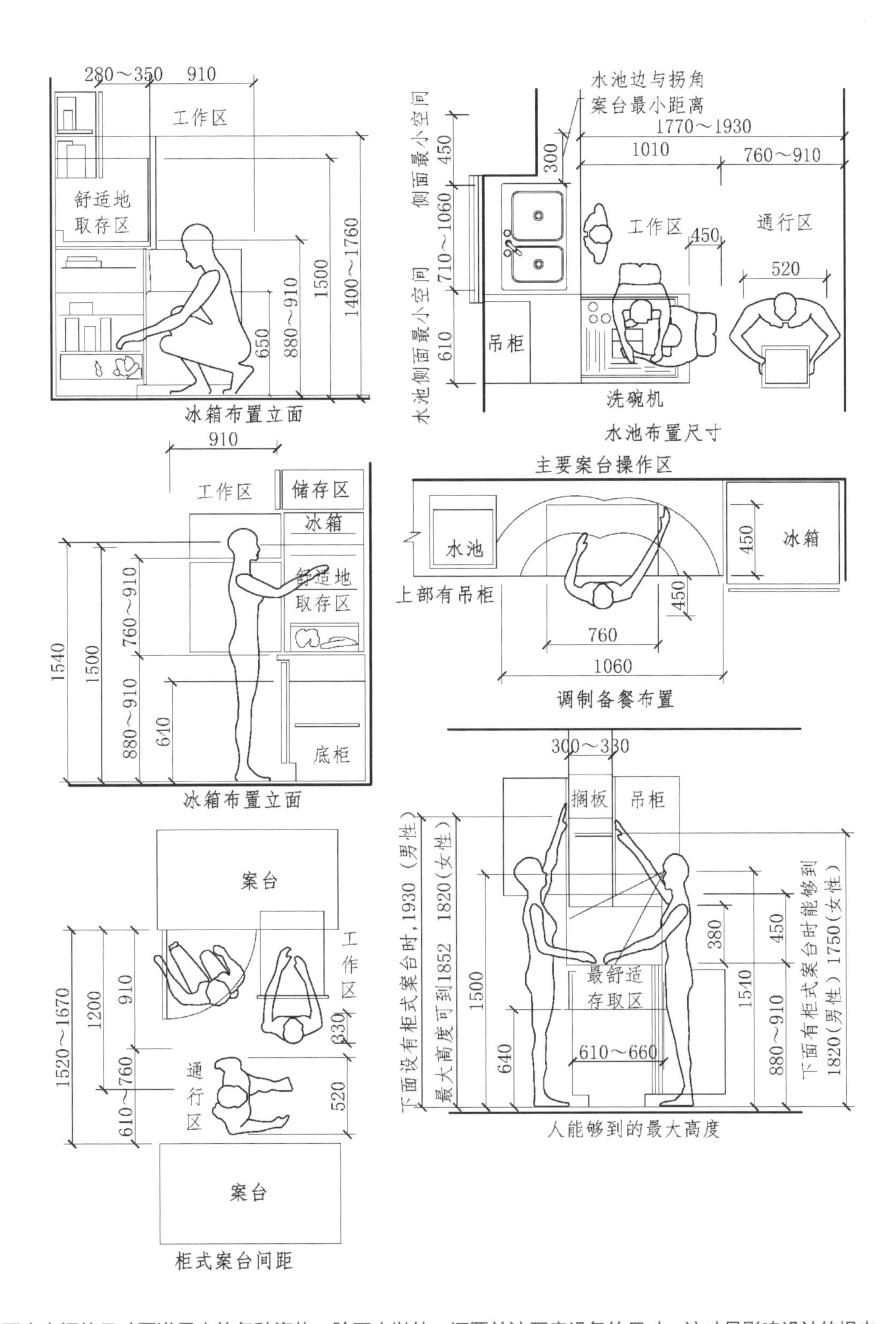

↑厨房空间的尺寸要满足人的各种姿势，除了人以外，还要关注厨房设备的尺寸，这才是影响设计的根本。

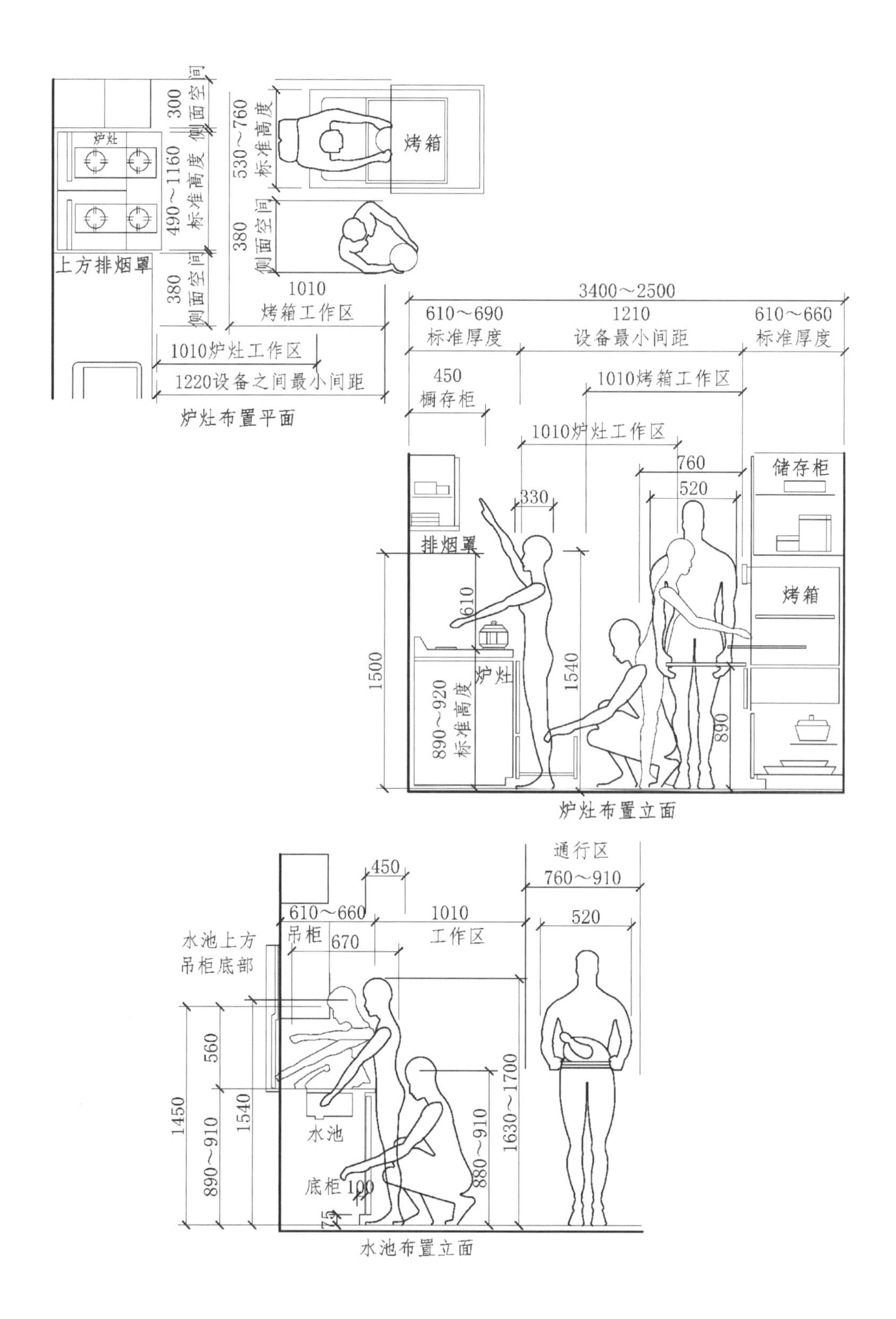
炉灶
烤箱
上方排烟罩
300
侧面空间
490～1160
标准高度
380
侧面空间
530～760
标准高度
380
侧面空间
1010
烤箱工作区
1010炉灶工作区
1220设备之间最小间距
炉灶布置平面
3400～2500
610～690
标准厚度
1210
设备最小间距
610～660
标准厚度
450
橱存柜
1010烤箱工作区
1010炉灶工作区
760
520
330
储存柜
排烟罩
烤箱
610
1500
炉灶
890～920
标准高度
1540
890
炉灶布置立面
通行区
760～910
450
610～660
吊柜
1010
工作区
520
670
水池上方
吊柜底部
560
1450
1540
890～910
水池
880～910
1630～1700
底柜
100
75
水池布置立面

（6）卫浴空间设计

卫浴空间是家庭成员进行个人卫生工作的重要场所，是每个住宅不可或缺的一部分，它是家居环境中较实用的一部分。当代消费者对卫浴空间及卫生设施的要求越来越高，卫浴空间的实用性强，利用率高，设计时应该合理、巧妙地利用每一寸面积。有时，也将家庭中一些清洁卫生工作纳入其中，如洗衣机的安置、洗涤池、卫生工具的存放等。

↑紧凑的卫浴空间

↑宽敞的卫浴空间

1）功能设计。一个完整的卫浴空间，应具备如厕、洗漱、沐浴、更衣、洗衣、干衣、化妆以及洗理用品的储藏等功能。 在布局上来说，卫浴空间大体可分为开放式布置与间隔式布置两种。所谓开放式布置就是将浴室、坐便器、洗脸盆等卫生设备都安排在同一个空间里，是一种普遍采用的方式；而间隔式布置一般是将浴室、坐便器纳入一个空间而让洗漱独立出来，这不失为一种不错的选择，条件允许的情况下可以采用这种方式。

插座安装时，明装插座距地面应不低于1800mm；暗装插座距地面不低于300mm，距门框水平距离150～200mm，为防止儿童触电、用手指触摸或金属物插捅电源的孔眼，一定要选用带有保险挡片的安全插座，确保人身安全。

↑洗浴区设计

↑卫浴设计

2）卫浴空间设计尺寸。浴缸与对面墙之间的距离最好有1000mm，想要在周围活动的话这是个合理的距离，即便浴室很窄，也要在安装浴缸时留出走动的空间（见下表）。

卫浴空间构件尺寸表（单位：mm）

构件	图例	尺寸
坐便器		370×600
悬挂式洗面盆		500×700
圆柱式洗面盆		400×600
正方形淋浴间		900×900
浴缸		1600×700

↑台上盆

↑双盆卫浴空间

筒式洗衣机的外形尺寸比较统一，高度860mm左右，宽度600mm左右，厚度根据不同容量与厂家而定，一般都在460～600mm之间。

半自动洗衣机尺寸为：820mm×450mm×950mm（深×宽×高），洗涤容量一般为8kg（参考值，不同规格与不同品牌的洗衣机差距非常小，一般都是用肉眼无法看出来的，只有外形上的差距）。全自动洗衣机尺寸为：550mm×596mm×850mm（深×宽×高），洗涤容量一般是5～6kg（全自动洗衣机的大规格一般是6kg的洗涤量，小一点的就是5kg洗涤量，高度差不多，宽度小100～200mm）。

卫浴空间的色彩也要适应人体视觉感应，当你一天工作后，感到疲惫时，你可在卫浴空间这个小天地中松弛身心。卫浴空间虽小，但规划上也应讲究协调、规整，洁具的色彩选择必须一致，应将卫浴空间作为一个整体设计。一般来说，白色的洁具，显得清丽舒畅；象牙黄色的洁具，显得富贵高雅；湖绿色的洁具，显得自然温馨；玫瑰红色的洁具则富于浪漫含蓄色彩。不管怎样，只有以卫生洁具为主色调，与墙面、地面的色彩互相呼应，才能使整个卫浴空间协调舒适。

↑绿色卫浴空间

↑白色卫浴空间

↑黄色卫浴空间

↑深色卫浴空间

图解小贴士

卫浴空间设计的基本原则

1）卫浴空间设计应综合考虑清洗、浴室、厕所三种功能的使用。

2）卫浴空间的装饰设计不应影响卫浴空间的采光、通风效果，电线与电气设备的选用、设置应符合电器安全规程的规定。

3）地面应采用防水、耐脏、防滑的地砖、花岗石等材料。

4）墙面宜用光洁素雅的瓷砖，顶棚宜用塑料板材、玻璃与半透明板材等吊板，也可用防水涂料装饰。卫生洁具的选用应与整体布置相协调 。

5）卫浴空间的地坪应向排水口倾斜。

↓卫浴空间的尺寸对人的各种姿势要求更高，卫浴空间几乎被卫浴设备所占据，人在设备中活动，在设计过程中要注意门窗所处的位置与尺寸，不要干扰设备的正常使用。

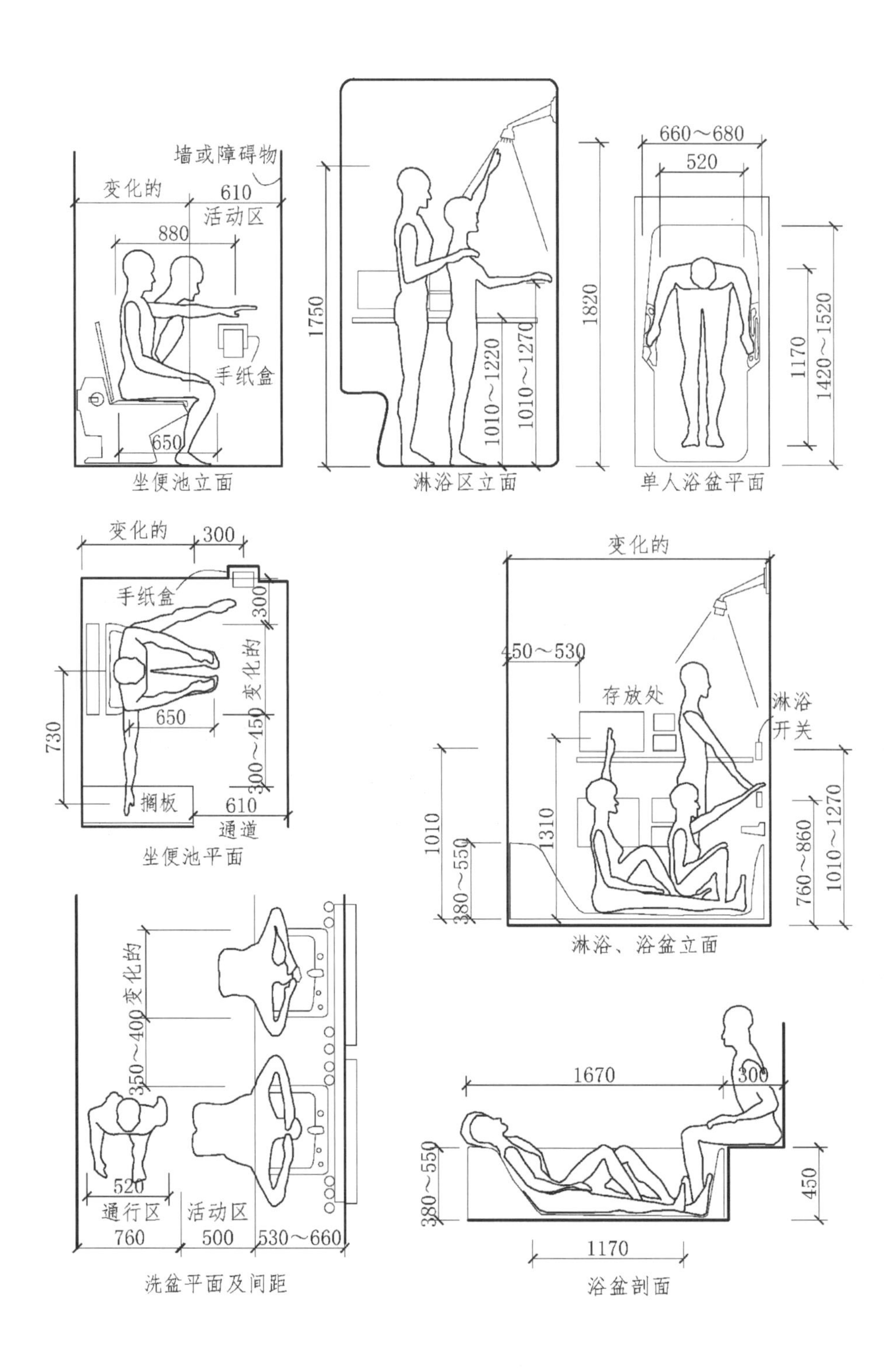

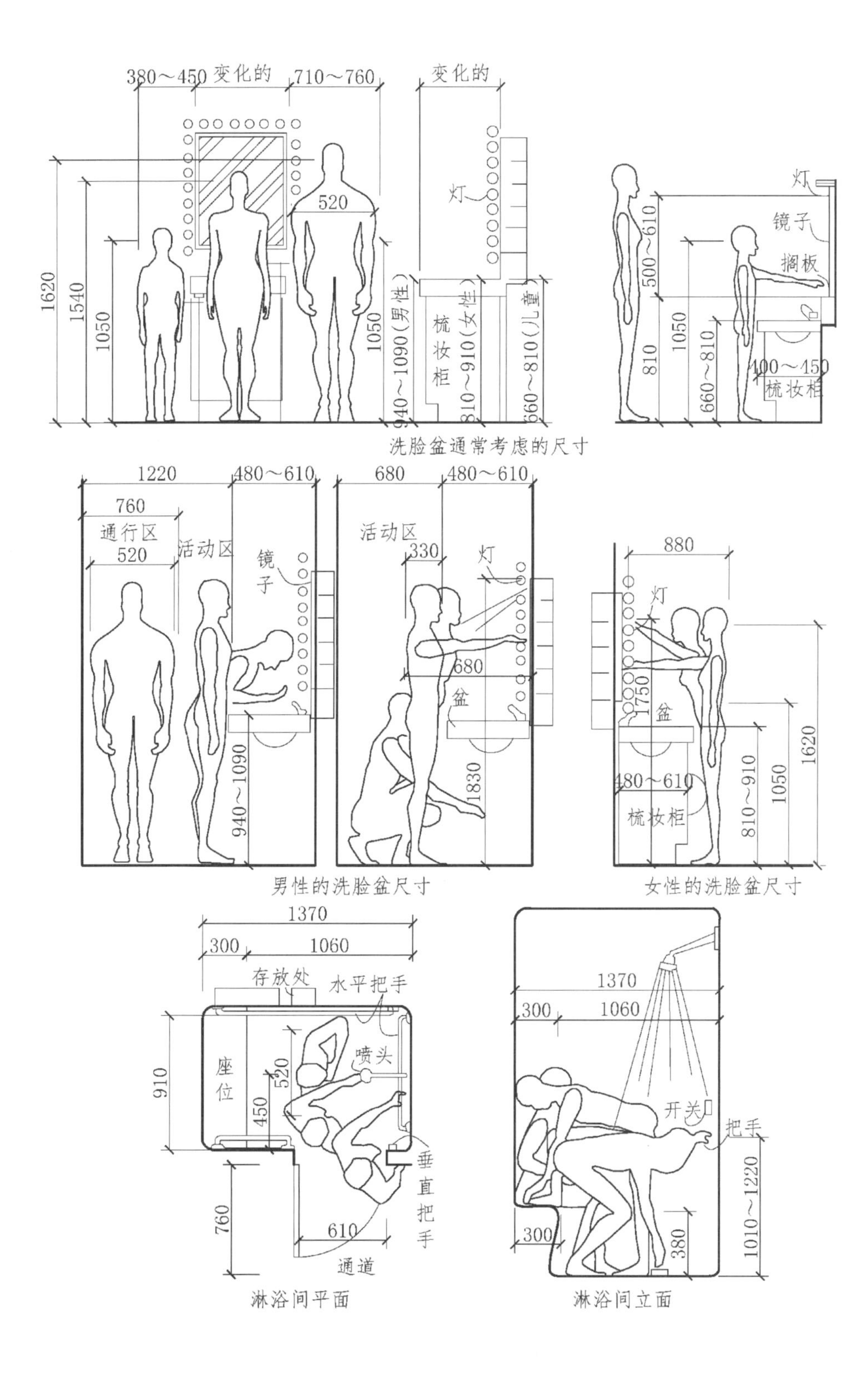

洗脸盆通常考虑的尺寸

男性的洗脸盆尺寸

女性的洗脸盆尺寸

淋浴间平面

淋浴间立面

3.3 活动空间与尺寸感

室内是与人最接近的空间环境，人在室内活动，身临其境，室内空间周围存在的一切与人息息相关、室内一切物体既触摸频繁、又察之入微，对材料的视觉上和质感上比室外有更强的敏感性。由室内空间采光、照明、色彩、装修、家具、陈设等因素综合造成的室内空间形象在人的心理上产生比室外空间更强的承受力和感受力，从而影响到人的生理、精神状态。

↑室内商业空间

↑室内活动空间

1.封闭性空间

封闭性空间是指以实体界面围合的限定度高的空间分隔，对空间进行隔离视线、声音等。它的特点是分隔出的空间界限非常明确，相对比较安静，私密性较强。由于这种空间组织形式主要由承重墙、轻体隔墙等组成，还具有抗干扰、安静与让人感到舒适的功能，比较适用于商场办公空间、酒楼包间、KTV包间、领导办公室等空间的设计。理解封闭性空间，首先就应当从辩证的角度去理解开敞性空间和封闭性空间是相对而言的，开敞的程度取决于有无侧界面、侧界面的围合程度、开洞的大小及启用的控制能力等。开敞性空间和封闭性空间也有程度上的区别，如介于两者之间的半开敞性空间和半封闭性空间。它取决于房间的使用性质和周围环境的关系。

内容决定形式，表现在建筑上主要就是指建筑空间的功能，要求与之相适应的空间形式。从这一点来讲，建筑中一些功能性的房间就决定了其需要封闭与否，例如车间、会议室、卧室等。这些空间具有相当的内向性，而这些空间当中，如卧室、会议室这一类的封闭性空间主要是以防外人侵入这一目的来进行封闭，可能这一空间并不是由实体围合的，可能围合体甚至是透明的，但是其功能决定了这个空间是封闭的。而另外一类空间，如车间、地下商业这一类的空间，其目的就是为了使该空间在物理上与外界隔绝，是物理性的封闭。封闭性空间用限定性较高的围护实体包围起来，在视觉、听觉等方面具有很强的隔离性，心理效果表现为领域感、安全感、私密性。

↑商场办公空间

↑酒楼包间

↑KTV包间

↑领导办公室

2.半封闭性空间

半封闭性空间是指以围合程度限定度低的局部界面的空间分隔，这类型的空间组织形式在交通与视觉上有一定的流动性，其分隔出的空间界限不太明确。分隔界面的方式主要以较高的家具、一定高度的隔墙、屏风等组成，这种分隔形式具有一定的灵活性和可变性，既满足功能的需求，又能使空间富有层次、形式的变化，从而产生比较好的视觉效果。相对于封闭性空间，半封闭性空间的空间层次感更强。

↑办公室隔断

↑创意隔断

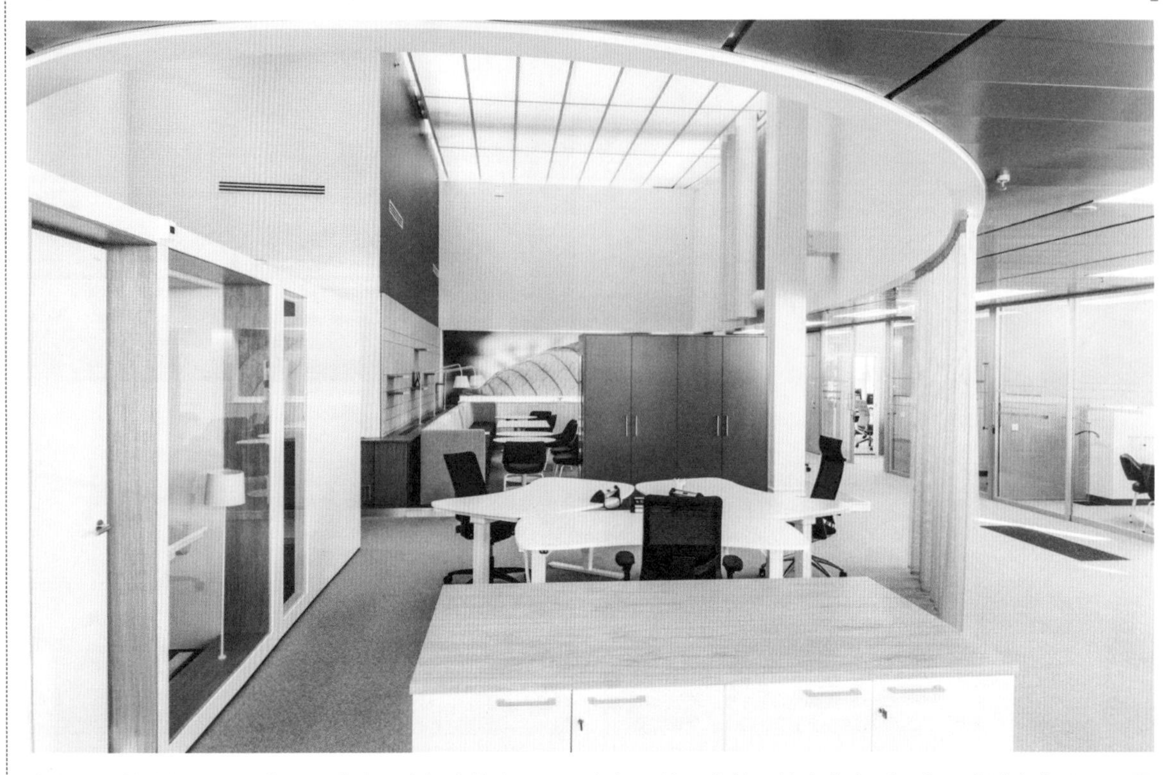

↑半封闭性空间。采用家具和幕帘围合起来的办公区具有很强的围合性，拉上幕帘后即为一个独立办公区，展开幕帘即为开放办公区，适合企业灵活地安排办公活动。

↑较高的沙发靠背能遮挡人的坐高，这种半封闭性空间适用于临时洽谈。

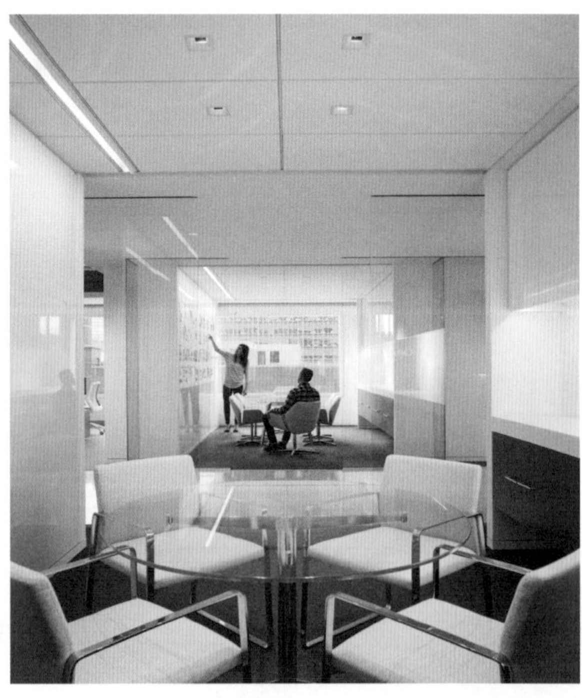

↑不设开门，仅仅依靠有限的玻璃隔断来营造出半封闭性空间，适用于更短暂的临时会晤

3.意象性空间

意象性空间主要是一种限定度较低的分隔方式，它是指运用非实体界面分隔的空间。空间界面比较模糊，通过人的视觉与心理感受来想象与感知，侧重于一种虚拟空间的心理效应。它的界面主要是通过栏杆、花纹图饰、玻璃等通透的隔断，或者由绿植、水体、色彩、材质、光线、高差、悬垂物等因素组成，形成意象性空间分隔。在空间划分上形成隔而不断，通透性好，流动性强，层次丰富的分割效果。在传统室内设计中，此种分割方法也称为“虚隔”。这种方法能够有效地减少空间隔断带来的面积浪费，同时在视线上做到“隔而不离”。

↑窗帘空间分割，搭配地席色彩差异，具有意向性。

↑背景墙上镂空造型营造出视线上的“隔空不离”。

4.空间布局与设计

商场的布局取向在卖场空间大环境内，承载着实现多种经营主体之间，相互促进、相互配合与衔接的作用，让消费者在科学的格局中采集到大量的来自不同品牌背景的文化信息。充分考虑员工人流、客流、物流的分流，考虑到人流能到达每一个专柜，杜绝经营死角。在每一层设置休息座；在每层卫浴空间设置残卫；设置母婴室，以便母亲为婴儿更换尿布；为男士专门设置吸烟区；为方便消费者，设置成衣修改，皮具保养，礼品包装，母婴乐园，维修服务处等；对于VIP客户，设置了贵宾厅，其中还应考虑洽谈、会客、休息、茶水、手机加油站等功能。

↑商场休息区设置的空间具有休息、育儿等多种功能。

↑商场休息区中各功能区之间有相应的隔断。

商业空间的空间设计是依据消费者购买的行为规律与程序为基础展开的，即“吸引消费者进店浏览购物（或休闲、餐饮）浏览出店”。消费者购物的逻辑过程直接影响空间的整个流线构成关系，而动线的设计又直接反馈于消费者购物行为与消费关系。为了更好地规范消费者的购物行为与消费关系，从动线的进程、停留、曲直、转折、主次等设置视觉引导的功能与形象符号，以此限定空间的展示与营销关系，也是促成商场基本功能得以实现的基础。

↑商场流线

↑店内流线

空间中的流线组织与视觉引导是通过柜架陈列、橱窗、展示台的划分来设计，顶棚、地面、墙壁等界面的形状、材质、色彩处理与配置以及绿化、照明、标志等要素来引导消费者的视线，使之自然注视商品及展示信息，激发消费者的购物意愿。

↑展示台设计

↑橱窗设计

动态空间。往往具有空间的开放性和视觉向导性，空间界面多采用具有动感的线面造型来进行组合，空间分割灵活，且序列多变。

静态空间。形成相对稳定，空间相对封闭，构成相对单一，色彩运用上较淡雅柔和，调合为主调，造型的处理多采用平行与垂直的方法，且比例尺度协调。

交错空间。通过不同功能空间之间的相互穿插构成的空间。

共享空间。为较大型的公共空间中设置的公共活动和公共交通的中心空间。

3.4　办公空间尺寸特征

办公环境是直接或者间接作用与影响办公过程的各种因素的综合。从广义上来说，它是指一定组织机构的所有成员所处的大环境；从狭义上说，办公环境是指一定的组织机构的秘书部门工作所处的环境，它包括人文环境与自然环境。人文环境包括文化、教育、人际关系等因素。自然环境包括办公室所在地、建筑设计、室内空气、光线、颜色、办公设备与办公室的布局和布置等因素。办公环境的设计更需要考虑到消费者的感情，照顾人的心理、生理的需求。

↑办公空间设计

办公空间是指在办公地点对布局、格局、空间的物理与心理分割。办公空间设计需要考虑多方面的问题，涉及科学、技术、人文、艺术等诸多因素。办公空间室内设计的最大目标就是要为工作人员创造一个舒适、方便、卫生、安全、高效的工作环境，以便更大限度地提高员工的工作效率。一般大中型企业，为了提高工作效率、节省空间、方便员工沟通，会进行部门划分，每个区域布置都会根据公司职员的岗位职责、工作性质、使用要求等装修设计。一般规划的几个区域有：老板办公室、接待室、会议室、秘书办公室、经理办公室、休息室、部分办公室等。

办公空间作为公共空间，不仅要有正式的会议室等公共空间，还要有非正式的公共空间，如舒适的茶水间、刻意空出的角落等，使员工间的交流得以加强；同时办公空间要赋予员工以自主权，使其可以自由地装扮个人空间。

1.领导办公室

领导办公室是公司主要领导的办公场所，由于领导的工作对企业的生存、发展起到重大的作用，拥有一个良好的办公环境，对公司决策效果、管理水平等方面都有很大影响，另外，公司领导的办公室在保守公司机密、传播公司形象等方面有特殊的作用，能防止公司的核心机密文件被泄密。公司领导的办公室要反映出公司形象，具有公司特色，例如墙面色彩采用公司标准色、办公桌上摆放国旗与公司旗帜以及公司标志、墙角安置公司吉祥物等。

（1）相对宽敞

除了考虑使用办公面积略大之外，一般采用较矮的办公家具，主要是为了扩大视觉上的空间，因为过于拥挤的环境束缚人的思维，会带来心理上的焦虑等问题。

（2）相对封闭

一般是一人一间单独的办公室，有很多的公司将高层领导的办公室安排在办公大楼的最高层或办公空间平面结构的最深处，目的就是创造一个安静、安全、少受打扰的办公环境。

（3）方便工作

一般要把接待室、会议室、秘书办公室等安排在靠近决策层人员办公室的位置，很多的公司领导的办公室都建成套间，外间就安排接待室或秘书办公室。

↑领导办公室

↑接待室

↑大型会议室

↑小型会议室

2.部门经理办公室

公司里有一般管理人员与行政人员，设计办公室布局时要从方便与职员之间的沟通、节省空间、便于监督、提高工作效率等方面考虑。经理办公室设计布局一定要合理，那样才会更有效率地工作，要提供绝对的安静，封闭的环境，以免受到打扰。

←经理办公室位于公司的后方，那样比较好把握员工的动向。经理办公室设计的时候不宜开过多的门，门的朝向也很重要，最好开在座位的左前方。

3.员工办公室

为了充分发挥个人的能动性及创造性，现代办公格局的“个人化”的需求越来越普遍。针对一些组织形式，工作方式较灵活的机构，办公空间的规划应考虑弹性发展的必要。

（1）封闭式员工办公室

封闭式员工办公室布局应考虑按工作的程序来安排每位员工的位置及办公设备的放置，通道的合理安排是解决人员流动对办公产生干扰的关键。在员工较多、部门集中的大型办公空间内，一般设有多个封闭式员工办公室，其排列方式对整体空间形态产生较大影响。采用对称式与单侧排列式一般可以节约空间，便于按部门集中管理，空间井然有序但略显呆板。

（2）开敞式员工办公室

开敞式员工办公室也称为景观式员工办公室。景观办公空间的出现使得传统的封闭式办公空间走向开敞，打破原有办公成员中的等级观念，把交流作为办公空间的主要设计主题。

↑封闭式员工办公室

↑开敞式员工办公室

（3）单元式员工办公室

随着计算机等办公设备的日益普及，单元式员工办公室利用现代建筑的大开间空间，选用一些可以互换、拆卸的，与计算机、传真机、打印机等设备紧密组合的，符合模数的办公家具隔出空间。根据常见表现形式，可以分为服务式办公室、商务中心、塔式写字楼、板式写字楼。个人办公具有私密性，在人站立起来时又不障碍视线；还可以在办公单元之间设置一些必要的休息与会谈空间，供员工之间相互交流。

→单元式员工办公室的设计可将工作单元与办公人员有机结合，形成个人办公的工作站形式，并可设置一些低的隔断。

办公空间作为一种特殊功能的空间，人流线路、采光、通风等的设计是否合理，对处于其中的工作人员的工作效率都有很大的影响，所以办公空间设计的首要目标就是以人为本，更好地促进人们的交流，更大限度地提高工作人员的工作效率，更好地激发创造灵感。

4.办公空间设计原则

办公空间设计原则是让办公室人员提高工作效率，所有的设计都围绕在“高效”环节中。首先，各个办公桌要保持一定面积，彼此之间既独立又融合，方便办公人员之间进行必要的沟通。然后，根据人员布局，预留较宽的走道，方便快捷地在室内活动。接着，提高办公空间色彩明度，让人时刻具有耳目一新的感受。最后，尺寸设计要适度宽松，具有很强的舒适感。

↑休息室

↑茶水间

办公室是组织的一个“门面”与“窗口”，办公室实务的一个重要内容是办公室环境管理，从办公室环境的管理上可看出组织的管理水平与服务态度。办公室管理有助于树立组织的良好形象，有助于组织工作的开拓与发展，办公室是信息交换的核心地，是员工的工作室，良好的环境有助于提高员工的办公效率。

↑办公室布局设计

↑办公室环境设计

（1）协调与舒适

协调、舒适是办公室布置的一项基本的原则。这里所讲的协调，是指办公室的布置与办公人员之间配合得当；舒适，即办公人员在布置合理的办公场所中工作时，身体各方面觉得比较舒适；对工作环境觉得舒适，工作比较称心。

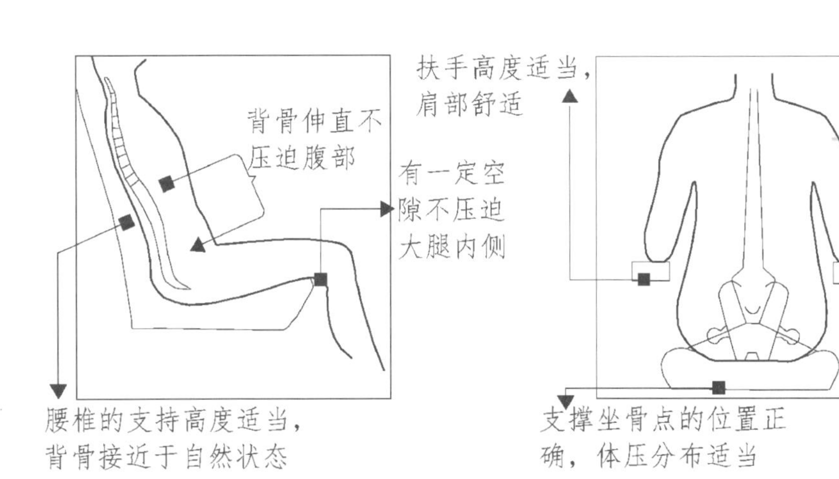

↑办公设施与人体相适应

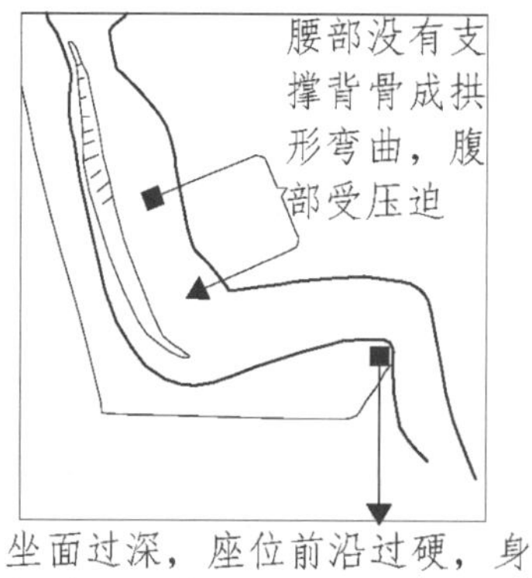

坐面过深，座位前沿过硬，身体受到压迫，阻碍血液流通

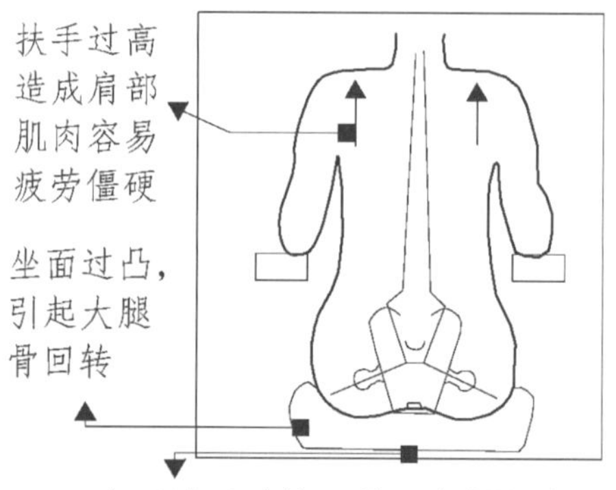

坐面过于柔软，易向内侧扭曲

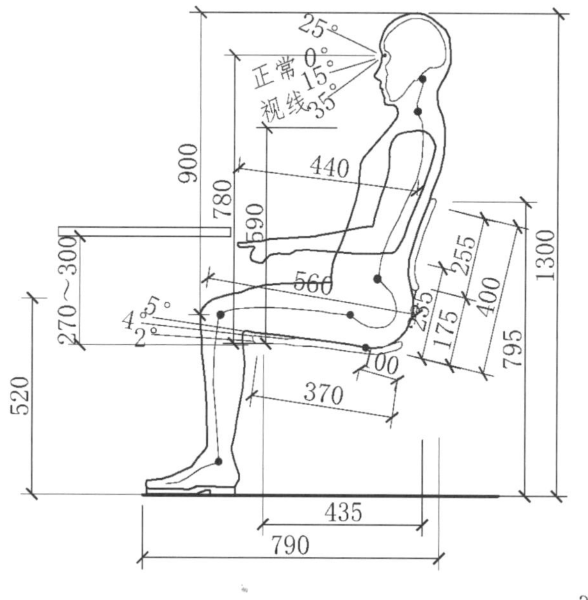

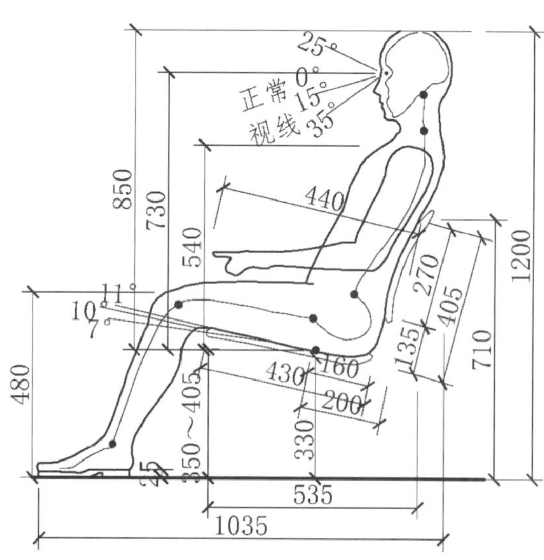

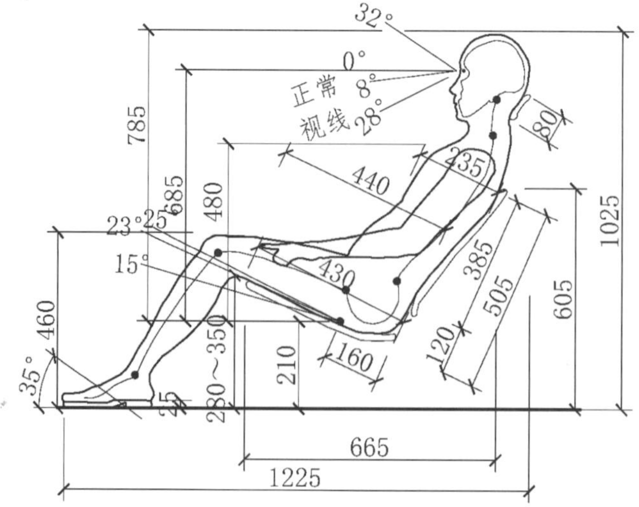

协调的内涵是物质环境与工作要求的协调。它包括办公室内桌椅设施的空间分布、墙壁的颜色、室内光线、空间的大小等与工作特点性质相协调；人与工作安排的协调；人与人之间的协调，包括工作人员个体、志趣、利益的协调及上级与下级的工作协调等。只有各方面的因素都能协调好，在办公室工作的人才会觉得舒适，这也有利于提高团体的工作效率与团队的合作精神。

↑办公区域

↑休闲区域

办公室是一个集体工作的场所，上下级之间、同事之间既需要沟通，也需要相互监督。每个人的特长与缺点也不同，所以在工作中不能及时地纠正就可能会影响到工作的进程，因此办公室的布置必须有利于在工作中相互监督、相互提醒，从而把工作中的失误减少到最低程度，把工作做得更好。

（2）沟通性

沟通是人与人之间思想、信息的传达与交换。通过这种信息传达与交换，使消费者在目标、信念、意志、兴趣、情绪、情感等方面达到理解、协调一致。沟通是心灵的窗口，沟通从心开始，人与人之间的沟通最重要的是真诚，所以沟通对于人类来说是十分重要的。办公室作为一个工作系统，必须保证充分的沟通，才能实现信息的及时有效地流转与传递；系统内各因子、各环节才能动作协调地运行。在办公室内也要经常地进行必要的有效沟通，这不仅能提高工作的效率，而且能够促进员工之间的情感的交流与友谊。

（3）美观性

整洁、卫生包括两个含义。一是办公用品的整齐有序，二是室内环境的干净卫生，这两方面是相互联系与影响的。整洁是指办公室的布置合理、整齐清洁。所以在安置办公设备时，要合理地布置空间，以使室内有较大的活动场地；办公桌与文件柜的相对位置也很讲究，一般情况下，文件柜应位于办公桌后方，伸手可及；桌上物品应分类摆放，整齐有序。电话机应放在办公桌的右上角，以方便接听。卫生是办公室环境的重要内容之一，办公室内的垃圾要及时清理，时刻保持办公室的各方面的清洁。

（4）办公空间尺寸图解

↓人体与工作台尺寸变化多样，人在工作时姿态丰富，在尺寸设计时要考虑到各种工作状态下的适用性。

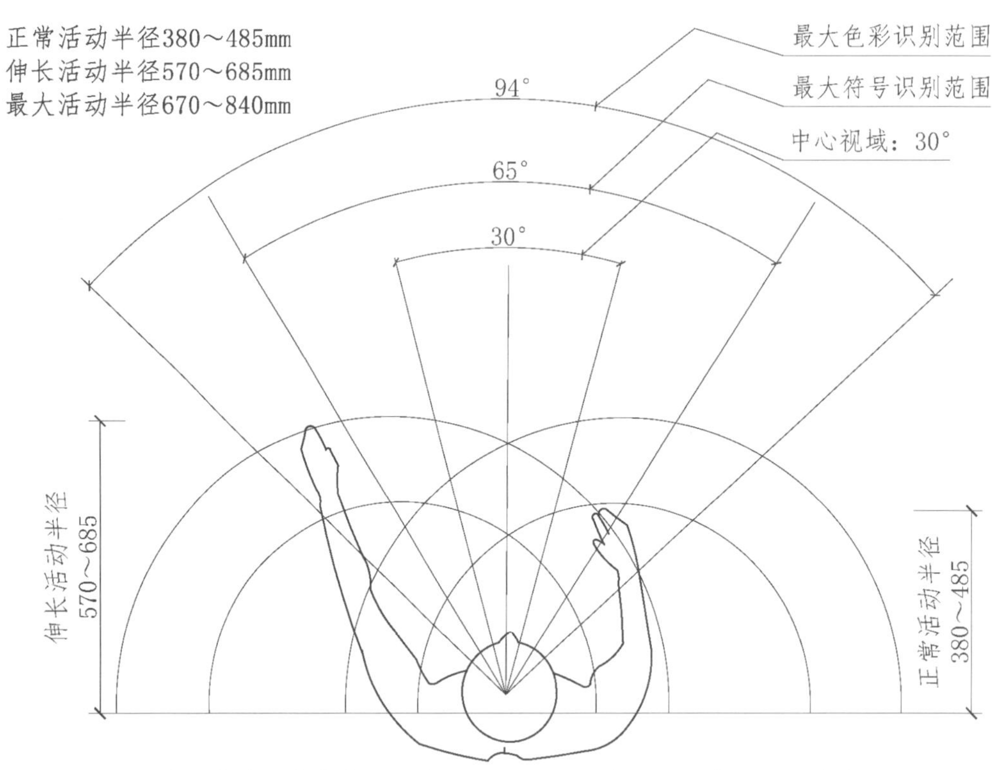

办公桌台面的宽度、深度，需考虑人上肢的活动范围和视觉范围

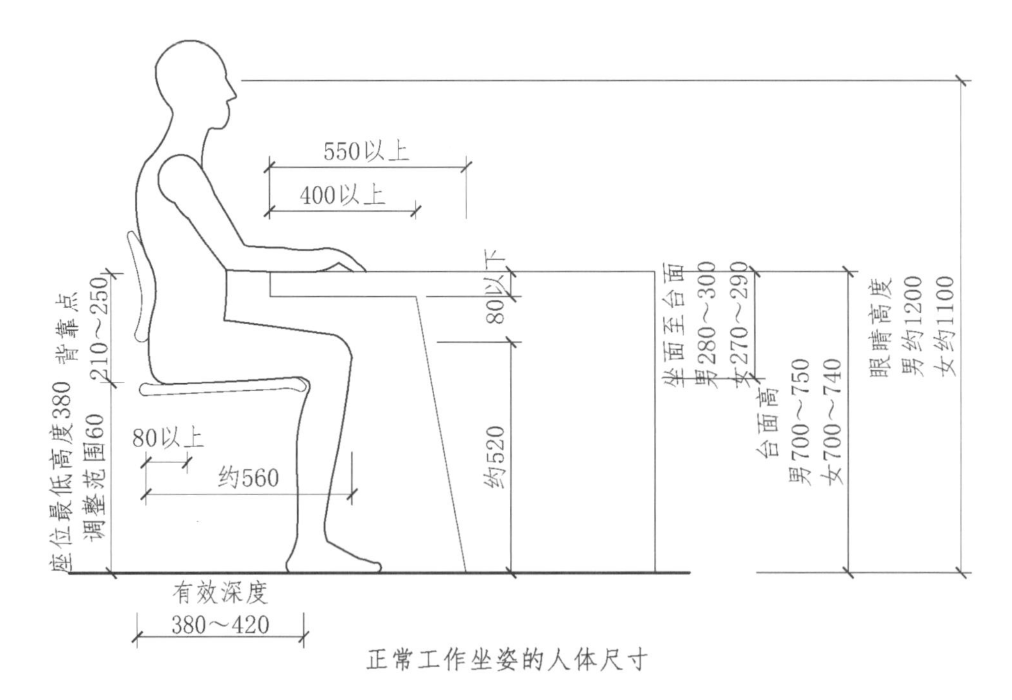

正常工作坐姿的人体尺寸

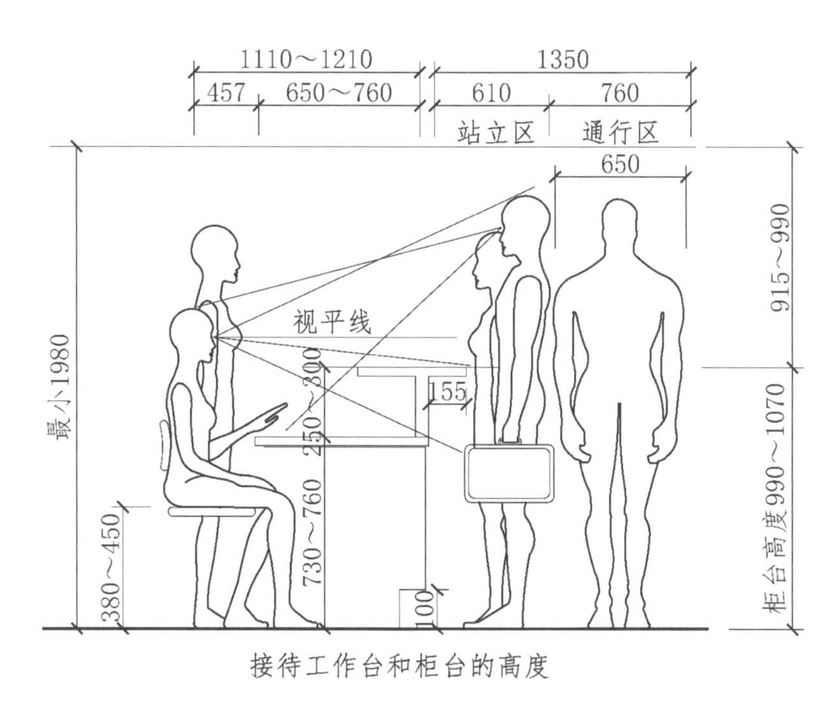

接待工作台和柜台的高度

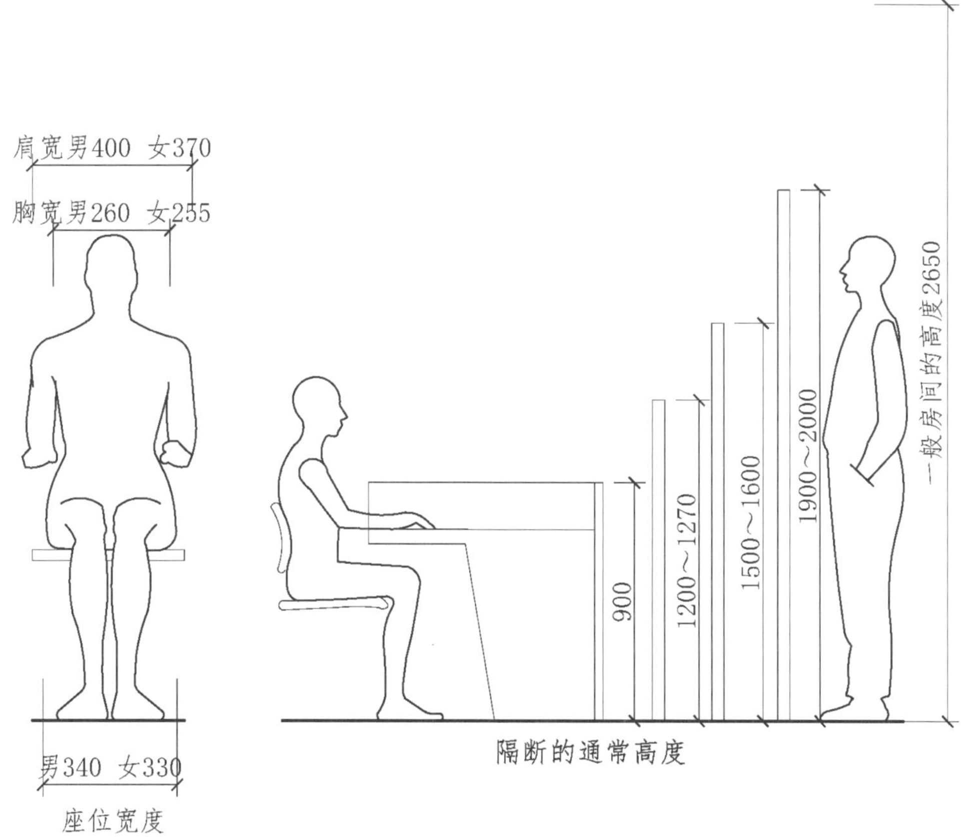

座位宽度

隔断的通常高度

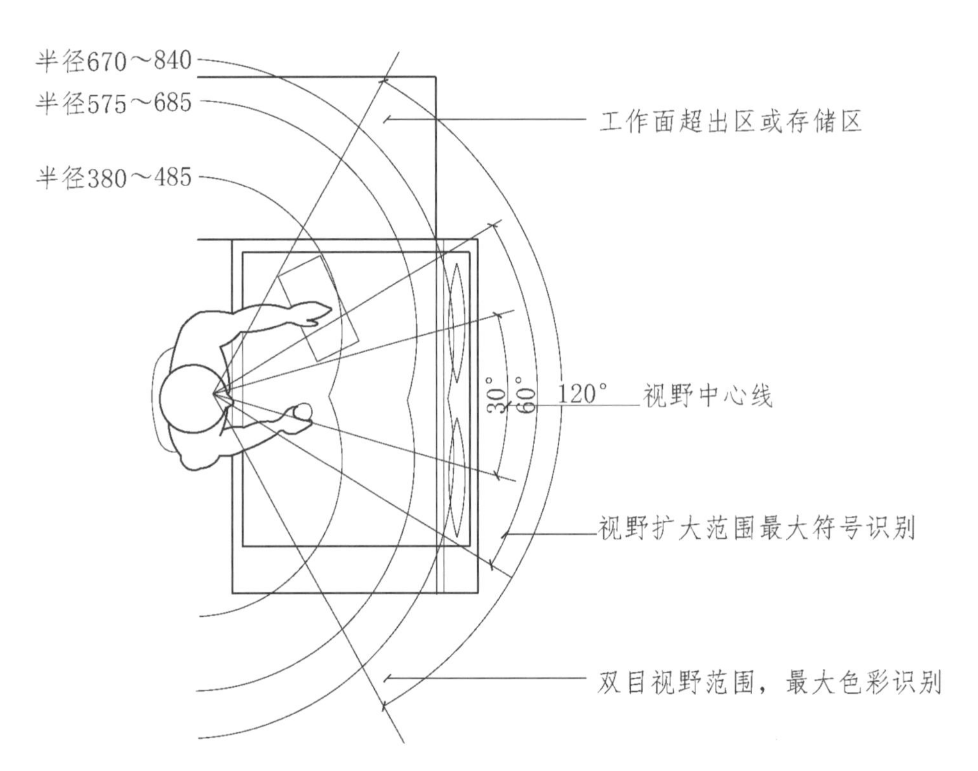
半径670～840
半径575～685
半径380～485
工作面超出区或存储区
30°
60°
120°
视野中心线
视野扩大范围最大符号识别
双目视野范围，最大色彩识别

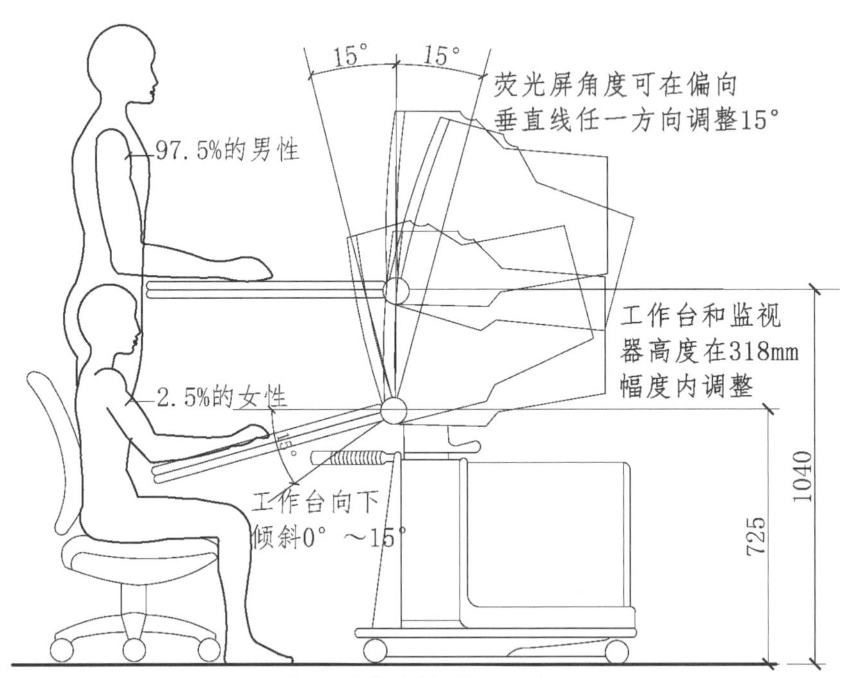
15°
15°
荧光屏角度可在偏向
垂直线任一方向调整15°
97.5%的男性
工作台和监视
器高度在318mm
幅度内调整
2.5%的女性
工作台向下
倾斜0°～15°
1040
725

电脑操作台的常用尺度

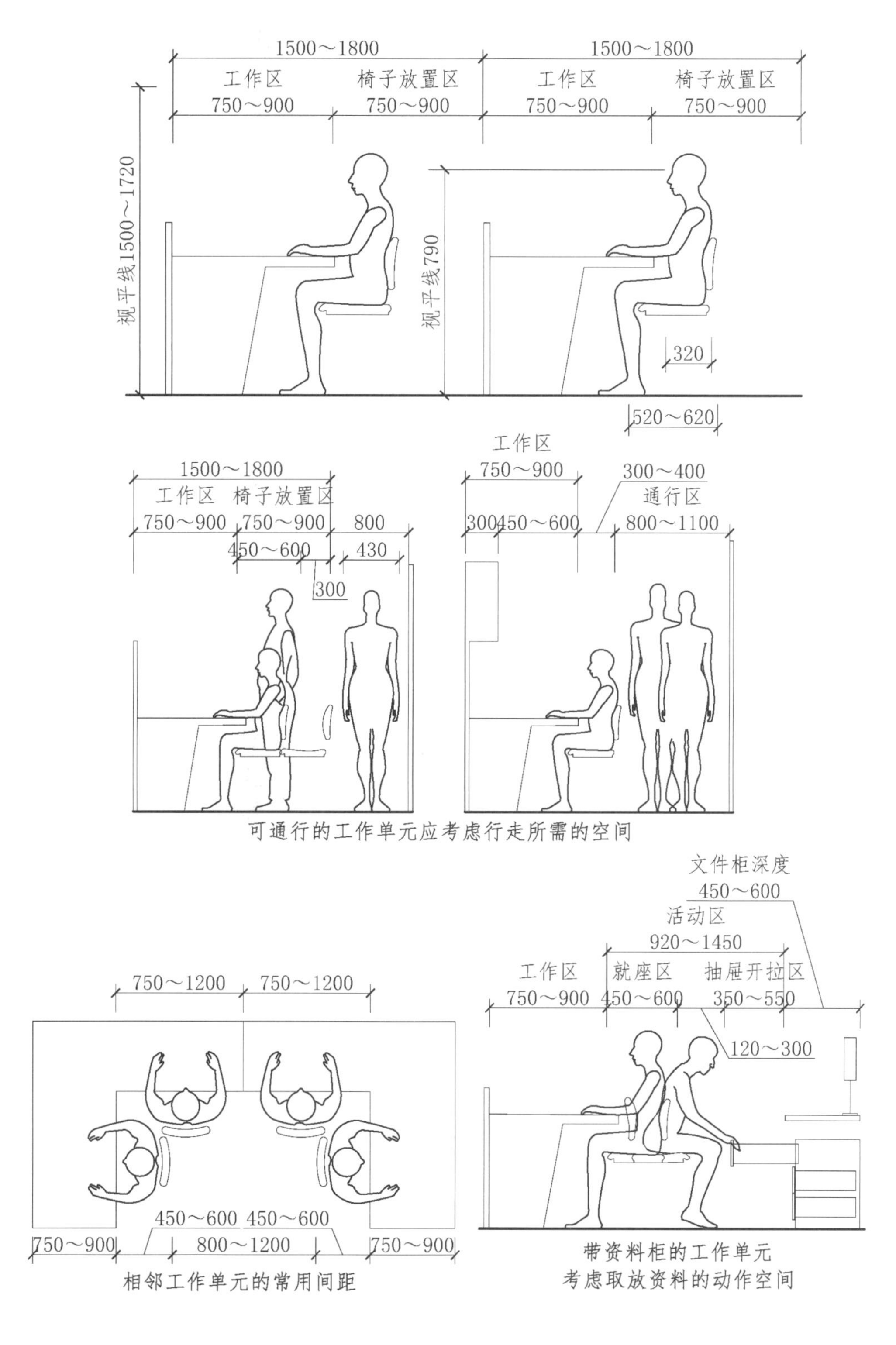

↑办公空间的尺寸设计要考虑多人同时使用，在保持多人使用状态下，让空间更加优化。

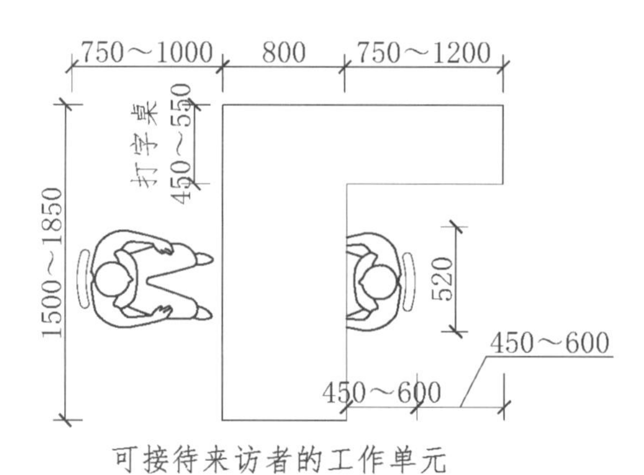

可接待来访者的工作单元

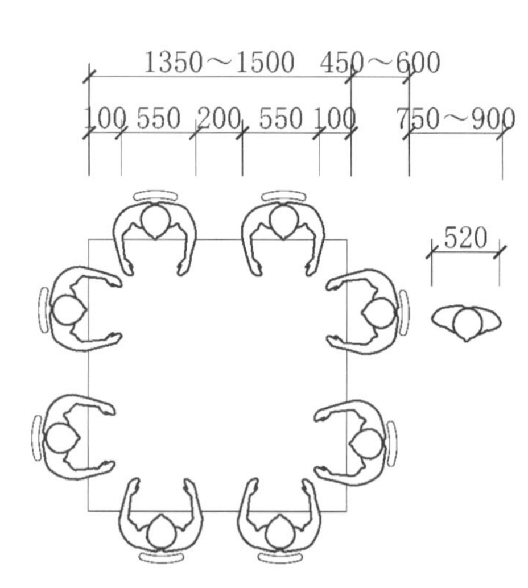

四人方会议桌平面尺度

八人方会议桌平面尺度

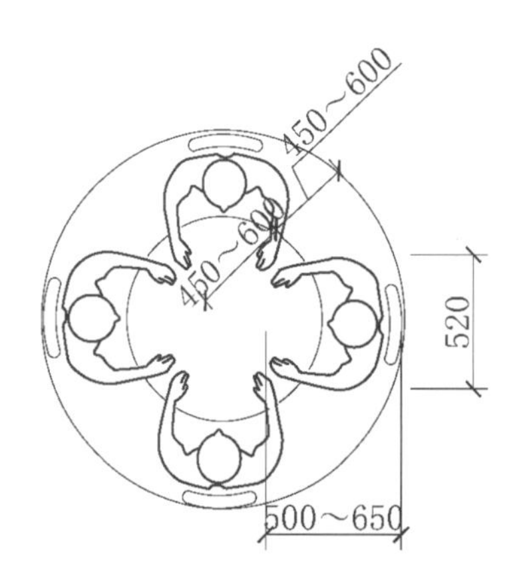

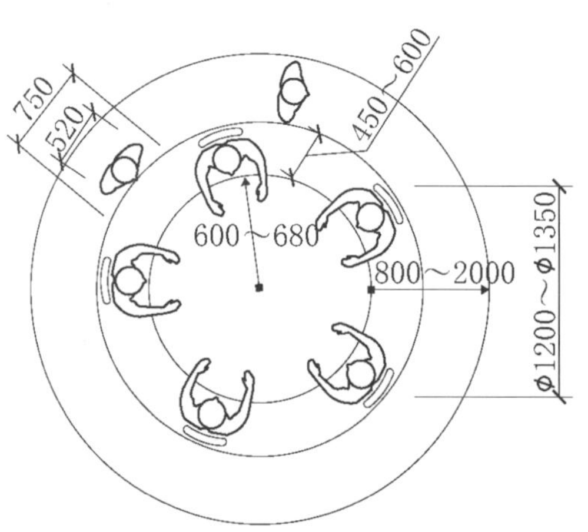

四人圆会议桌平面尺度

五人圆会议桌平面尺度

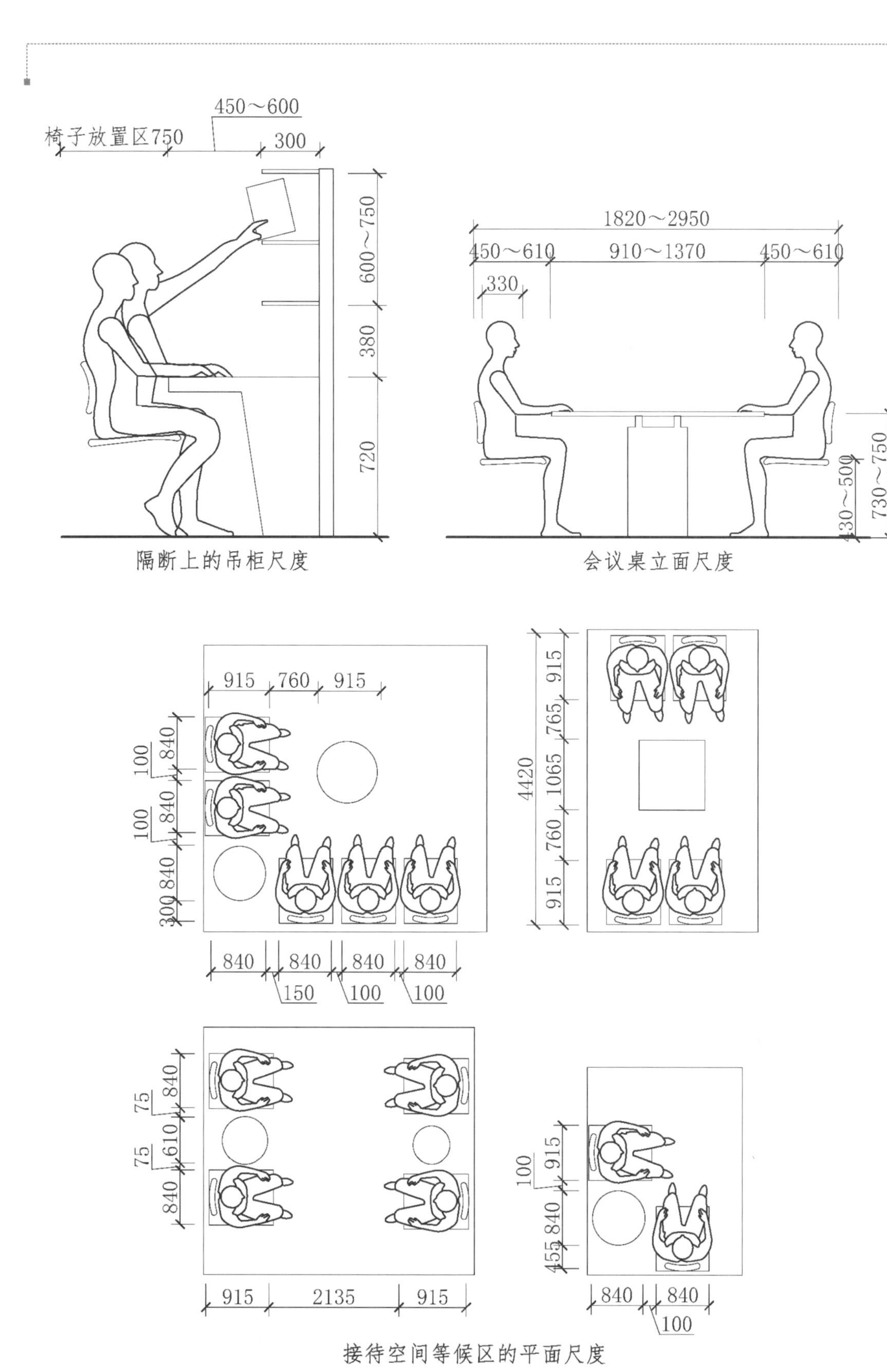

第1章 生活中的尺寸差
第2章 尺寸与空间的接触
第3章 空间设计测量有妙招
第4章 生活中的尺寸详解
第5章 室内空间尺寸案例
第6章 室外空间尺寸案例

第4章 生活中的尺寸详解

识读难度： ★☆☆☆☆

核心概念： 矛盾、尺寸纠纷、错位尺寸

章节导读：

设计体现在我们生活中的方方面面，小到盛东西的器皿，大到整个家庭空间的整体布局，这些都离不开“设计尺寸”，大与小，高与矮这些都关乎着人们生活中的感受，尺寸是空间设计中永恒的话题。

4.1 超强收纳的玄关柜

玄关源于中国，用在室内建筑名称上，意指通过此过道才算进入正室，玄关之意由此而来。在房屋装修中，人们往往最重视客厅的装饰和布置，而忽略对玄关的装饰。其实，在房间的整体设计中，玄关是给人第一印象的地方，能反映主人文化气质。

1.玄关类型

（1）低柜隔断式玄关

是以低形矮台来限定空间，以低柜式成型家具的形式做隔断体，既可储放物品，又起到划分空间的功能。隔断式鞋柜的上半部分一般使用半透明式或透明式的屏风，以此增加玄关与客厅的空间层次感和私密性，下半部分则设计成鞋柜，非常实用。

（2）玻璃通透式玄关

玻璃通透式玄关是以大屏玻璃做装饰遮隔，或在夹板贴面旁嵌饰喷砂玻璃、压花玻璃等通透的材料，既可以分隔大空间，又能保持整体空间的完整性。

↑低柜隔断式玄关

↑玻璃通透式玄关

（3）格栅围屏式玄关

格栅围屏式玄关主要是以带有不同花格图案的镂空木格栅屏做隔断，既有古朴雅致的风韵，又能产生通透与隐隔的互补作用。

（4）半敞半蔽式玄关

半敞半蔽式玄关是以隔断下部为完全遮蔽式设计。隔断两侧隐蔽无法通透，上端敞开，贯通彼此相连的顶棚。半敞半隐式的隔断墙高度大多为1500mm，通过线条的凹凸变化、墙面挂置壁饰或采用浮雕等装饰物的布置，从而达到浓厚的艺术效果。

↑格栅围屏式玄关

↑半敞半蔽式玄关

↓柜架式玄关的特点是节省室内空间，合理利用空间，玄关下部的柜子既可以储物又可以当做换鞋凳来使用，中部的镂空设计让整个玄关看起来不呆板、笨重，上部空间可以储藏平时不常用的物品。

（5）柜架式玄关

柜架式玄关就是半柜半架式。柜架的形式采用上部为通透格架做装饰，下部为柜体；或以左右对称形式设置柜件，中部通透等形式；或用不规则手段，虚、实、散互相融和，以镜面、挑空和贯通等多种艺术形式进行综合设计，以达到美化与实用并举的目的。

图解小贴士

设玄关的目的

1）保持主人的私密性。避免客人一进门就对整个居室一览无余，也就是在进门处用木质或玻璃做隔断，划出一块区域，在视觉上遮挡一下。

2）装饰作用。客人进门第一眼看到的就是玄关，这是客人从繁杂的外界进入这个家庭的最初感觉。可以说，玄关设计是设计师整体设计思想的浓缩，它在房间装饰中起到画龙点睛的作用。

3）方便客人脱衣换鞋挂帽。把鞋柜、衣帽架、大衣镜等设置在玄关内，鞋柜可做成隐蔽式，衣帽架和大衣镜的造型应美观大方，和整个玄关风格协调。

2.玄关设计

玄关设计是家居设计的一部分，因此其风格应与整个室内环境相和谐，并且玄关在很大程度上也是室内风格的一个缩影。玄关的设计依据户型而定。可以是圆弧形的，也可以是直角形的，有的户型还可以设计成玄关走廊。

↑圆弧形

↑直角形

↑狭长的玄关走廊

↑宽敞的玄关走廊

玄关作为家的门面，是给人留下第一印象的地方。这个区域，同时也承载了许多生活中的重要功能，进门出门、穿鞋换鞋、衣物取放、包包搁置、鞋子收纳……甚至包括出门前仪容仪表的得体检查等。虽然有这么多功能需求，但多数玄关空间有限，如何巧妙利用就成为了一个重要课题。

（1）比例

在住宅很贵的今天，室内空间容不得丝毫浪费。一般看房子和门的大小。100m^{2}左右且进门就是大门（客）厅的房子，大多建议玄关长宽为去掉家具和摆设后1.2～1.5m。玄关应该比门略宽，可能宽度变长度，所以基本不超过门宽的1m，这是小户型的设计玄关的方法。

↑玄关长度设计

↑玄关走向设计

（2）功能和活动空间

大多数居住者都忽略了对玄关的功能设计，只留个进出门的位置就没在管了。殊不知玄关不止是通道，还是平常鞋子更换、衣服更换的场所。玄关在生活中的基本职能就是穿衣、换鞋、简单放个包裹和寒暄的地方，能容纳2～3个人做这些动作的空间就够了，毕竟家里不是大型宴会厅，只是用来接待关系比较密切的客人。现在私人拜访最大一般是以家为单位，3个人换鞋，2个人换鞋、1个人站在玄关和玄关外。感觉不够可以设计4个人的位置。

↑两人座玄关

↑站立式玄关

↑四人座玄关

↑多人座玄关

4.2 厨房里的碰撞

对于喜欢烹饪的家庭来说，一间得心应手的厨房是再好不过的事情，但是装修结果常常不能如愿，在烹饪的过程中经常听到尖叫声，不是头撞到油烟机了，就是撞到橱柜台面上了，要么就是碗碎了的声音……。

不合理的设计给我们的生活带来诸多不便，以厨房操作台的高度为例，身高1.5m和1.7m两人在使用800mm的操作台时（820～850mm），身高1.5m的人在使用操作台时会踮着脚，而身高1.7m的人则会低着头，一般家庭做饭时间都在0.5～1h，长时间的垫脚、低头都会让烹饪者感到身体不适，产生疲劳感。

↑适合身高较高人群

↑适合身高较低人群

1.人性化设计

（1）操作台高度设计

在设计橱柜高度时，要考虑到很多设计因素。这里所说的橱柜高度就包括橱柜工作台的高度以及橱柜吊柜的最高高度。在设计这两方面的高度时，设计师需要将业主家做饭人员的身高结合在里面。

图解小贴士

操作台高度计算方法

1）身高的一半再加上50～100mm，以1650mm的身高为例，橱柜的台面高度就应该是825+50=875(mm)，也就是可以做到880～930mm之间，建议做到900mm。

2）每个人上下身比例是不一致的，进一步精确的话，可以采用另外一种方法，那就是肘关节呈90°后，再往下50mm左右，这个高度较为精准。如要求更为精准，可以在上面两个值之间取一个中间值。低台比高台低150～200mm是比较合理的，这样炒菜的时候，会感到很省力。

厨房灯光

（2）灯光布置设计

很多家庭在装修厨房的时候，都忽略了十分重要的一点，那就是局部照明的设计，只有一盏主灯高高悬挂在顶棚正中间，除此之外，再无其他光源（最多有油烟机的两盏小灯能照顾到灶台）。本该是使用时间最长的厨房台面，却因为顶柜或人身体的遮挡，成了一个照明盲区，黑乎乎一片，十分影响做饭的心情。所以，在这个地方，很有必要添加补充光源。

在设计上可以采用总体照明和局部照明相结合的方式，厨房灯光需分成两个层次，一个是对整个厨房的照明，一个是对洗涤、准备、操作的照明。用功率较大的吸顶灯保证总体上的亮度，然后再按照厨房家具和灶台的安排布局，选择局部照明用的壁灯和照顾工作面照明的、高低可调的吊灯等，以使厨房内操作所涉及的工作面、备餐台、洗涤台、角落等都有足够的光线。以总体照明和局部照亮相搭配的方式，以防看不清刀具而出现意外，可以采用大功率的吸顶灯来提供整体光线，再根据灶台的摆设，选购有局部照明的壁灯。

厨房中少不了存储柜，如果比较深且没有安装灯具的话，为了保证厨房内有较高的明亮度，可以在操作台的上方顶棚内镶嵌一些射灯，数量在6～8个为宜，这样从灯光方面给予了多层保护，以免光线欠佳而导致操作失误。在吊柜底部安装灯带也可以弥补整体灯光不足的问题。

↑整体照明

↑局部照明

↑发光灯带

↑辅助照明

（3）电气设备

嵌在橱柜中的电气设备：新房的厨房设计中，可因每个人的不同需要，把相关厨房用具布置在橱柜中的适当位置，方便开启、使用。

嵌入式厨房不仅在厨电收纳上具有一定的优势，看起来也更高大上，符合当下很多人简约、时尚的装修理念。在用户越来越重视卫生健康和烹饪环境的前提下，嵌入式厨电对于保障安全、便于清洁、健康烹饪等问题，也都处理得相对成熟。由于嵌入式厨电几乎是将整套厨房电器镶嵌在橱柜内，所以必须在厨房装修过程中，全方位考虑设计和安全因素。橱柜正对面必须留出足够宽度的过道，一般情况下，橱柜纵深600mm，翻开厨电门至少需要500mm的翻动空间和600mm的操作人员站立空间，再加上100mm的弹性空间，橱柜前过道宽度至少在1200mm。在选择橱柜的厨电时要尽可能保证主要使用者得到最舒适的产品体验，同时满足其他成员的操作舒适度。

↑厨房电气设备

↑嵌入式厨房

（4）厨房里的地柜

地柜尺寸

厨房里的地柜最好有抽屉：厨房里的地柜最好做成有推拉式抽屉的，这样方便取放，视觉也较好。而吊柜一般做成300～400mm宽的多层格子，柜门做成对开，或者折叠拉门形式。

↑抽屉半打开

↑抽屉完全打开

2.设计注意事项

1）水池的宽度不应过窄，最好与操作台连在一起，而且水池上方的吊柜高度要精细测量，否则会增加劳动强度。

2）台面的宽度与吊柜的宽度要讲究比例，否则操作时会有碰头的可能。而且吊柜的开启方式最好是上掀柜门，方便实用。

3）底柜柜体的布置最好多选用抽屉，储物较多，而且用起来一目了然，非常方便。

4）吊柜最好使用玻璃门或带玻璃边框的，从视觉上小户型的厨房不会感到压抑。

↑操作台宽度可不统一，使用频率高的台面可较宽些。

↑吊柜上掀门设计。

↑底柜柜体多抽屉设计。

↑橱柜玻璃门设计具有通透感。

3.设计方式

1）水池与灶台在同一操作台面上或距离不远。一般的厨房工作流程会在洗涤后进行加工，然后烹饪，最好将水池与灶台设计在同一条流程线上，二者之间的功能区域用一块台面连接起来。

2）水池或灶台距离墙面至少要保留400mm的侧面距离，水池的下面最好放置洗碗机和垃圾桶，而灶台下面放置烤箱。这种搭配会带给使用者更多的便利。

3）厨房台面应尽可能根据不同的工作区域设计不同的高度。而有些台面位置低些会更好，如果使用者很喜欢做面点，那么常用来制作面点的操作台可将高度降低100mm。但是，在橱柜的设计中也不能过分追求高低变化，特别是在较小的厨房中，过多的变化会影响整体的美观。

↑厨房操作流线设计

↑台面高低台设计

4）灶台的位置应靠近外墙，这样便于安装油烟机，减少烟道在厨房的占用面积。窗前的位置最好留给调理台，因为这部分工作花费最多的时间，抬头看着窗外的美景，吹吹和煦的暖风，让操作者有份好心情。

5）吊柜、底柜均采用对开门的形式。最常用的物品应该放在高度为700～1850mm之间。吊柜的最佳距地面高度为1450mm，为了在开启时使用方便，可将柜门改为向上折叠的气压门。吊柜的进深也不能过大，400mm最合适。而底柜最好采用大抽屉柜的形式。

6）冰箱应设计在离厨房门口最近的位置。方便烹饪者拿取食材，冰箱的附近要设计一个操作台，取出的食品可以放在上面进行简单的加工。在厨房的流程中，以冰箱为中心的储藏区，以水池为中心的洗涤区，以灶台为中心的烹饪区所形成的工作三角形为正三角形时，最为省时省力。

7）餐桌最好远离灶台。在厨房与餐厅之间加一道滑动门也是很好的处理方式，平时两个空间融为一体，炒菜时关上门，让厨房成为独立的操作空间，同时也能够阻隔油烟进入到其他的空间里。

厨房构造

↑三角形烹饪区

↑独立操作空间

4.厨房布局类型

经典
布局

所谓厨房工作三角区指的是：厨房的烹饪区、洗涤区和储藏区。而依据这三个区域又设计规划出四种厨房布局形式：单线形厨房、双线形厨房、U形厨房以及L形厨房。最佳工作三角：本质上来说理想的三角形布局（冰箱、灶台、水槽）工作区效率最大化，尽量减少在电气设备之间移动的时间和精力。

（1）单线形厨房

单线形厨房也就是“一字形”厨房，在空间面积小的情况下，利用一面墙设置橱柜，水槽、灶具和储物都在同一水平线上，所有的工作区沿一面墙一字形布置，给人简洁明快的感觉。这种空间结构的工作区组合必须很简单，但必须保证有通畅的通道。一字形橱柜设计中的水槽、操作台和灶台三者排列在一条线上，也符合了清洗、加工、烹饪的顺序。台面应该不少于2m的长度，洗涤与烹饪区中间至少要留有400mm作为操作台，否则会显得局促。地柜和吊柜之间的空间应该好好利用，可以在这面空出的墙壁上安装一排隔架，把调料瓶、铲子、小盘等小件物品都摆放其上。

（2）双线形厨房

双线形厨房是生活中常见的走廊式厨房，厨房空间长而窄，将两侧的空间打造成橱柜，厨房中部是人的活动空间，在走廊一侧空间足够的话，还可以设计一个温馨小餐厅。走廊式厨房是高效率的厨房布局设计，能够最大化分配厨具和操作台的空间，在餐厅中这种布局很受欢迎，厨房的功能区域大大加强，可设置更多炊具和储存更多物品。另一个技巧就是水槽在一侧、炉灶在一侧，减少混乱。双线形厨房可以兼具厨房与工作室双重丰富功能，一排规划成料理区，另一排则可以规划成冰箱高柜与放置家电的平台，在空间运用更有效率的前提下，在高柜的一旁增加使用者可以坐下来使用或休憩的平台，成为厨房与工作室结合的复合式机能设计。

↑单线形厨房

↑双线形厨房

（3）L形厨房

L形厨房正如其名，是比较常见的厨房角落的好设计，其功能性十足，方便良好动线规划。由于户型小空间先天不足，纵向延伸空间和巧妙设计隔断，可让L形厨房有效增容。因为它对于厨房面积的要求不是很高，厨房的布置一般是把灶台和油烟机摆放在L形较长的一面，可把一小组地柜或者冰箱摆在L形较短的一面。解决了转角的尴尬，半开放的概念空间，与相邻的空间衔接，是娱乐性的最佳选择，功能分区有所侧重，布局看上去灵活多变，互动性很强。

（4）U形厨房

U形厨房是L形厨房的延伸，一般的做法是在另一个长边再多加一个台面，或是一整个墙面的高柜，以便收纳更多的物品或电器。U形厨房的基本功能较为好用，操作流程合理，可以容纳多人操作。此设计的橱柜配备齐全，能充分利用空间，扩大操作面积。空间利用率较高，从设计来说，U形厨房的洗涤区、烹饪区、操作区、储藏区可以划分得很明确，毕竟空间比较大。应该说，U形厨房有点像两个L形厨房的对称叠加，因此它们都同样具有空间利用率比较高的优点，而且这种厨房几乎不会有穿越者，因此对整个厨房的干扰比较少。

U形厨房的工作区共有两处转角，因此对空间的要求较大。当厨房的面积不是很大时，水槽最好放在U形的底部，并将配膳区和烹饪区分设在两旁，使水槽、冰箱和炊具连成一个正三角形。较大的U形厨房，则可增加更多的收藏空间，各种家电一般都可以设计进去，甚至可以做双水盆的设计。与L形厨房一样，U形厨房的转角位最好不要布置清洗区和烹饪区，因为在这个地方进行主要的操作不太舒适。

↑ L形厨房

↑ U形厨房

图解小贴士

岛台式厨房布局

现代家居中的厨房已不仅局限于烧菜做饭，也是体现主人生活品位的重要部分。厨房导台从西方引入到我国，一直深受追捧，尤其是在开放式的厨房中放置一个厨房岛台，在充分地利用厨房有限的空间之余，可以彰显厨房和主人的品质。

4.3 客厅里的尺寸纠纷

客厅是一个家中欢声笑语之处，也是家中人流量最多的场所，平时待客接物、放松心情、娱乐休闲的地方，在这个空间里能够凸显出房屋主人的生活质量与个人品位，因此这个空间的设计尤为重要。而在生活中，客厅里的“纠纷”一直是令人头疼的事儿，如何处理客厅纠纷是众多居住者的心病。

↑客厅设计

1.电路布局

客厅的电路布局与后期工程关系最为直接，一旦前期的布局出现了纰漏，后期装修工程就无法如期完成，还可能影响客厅的整体布局设计。电视机是客厅主要的电器之一，目前大多数家庭都喜欢选购平板电视机，并喜欢悬挂在墙面安装。可很多时候由于尺寸设计不好，漂亮的电视机下面总是挂着一段电线，非常煞风景，所以电视机的电源线和信号线位置一定要预先设计好。首先要确定要购买的电视机外形尺寸，然后根据客厅沙发的位置确定出电视机在墙面的位置。再根据这个位置确定插孔位置，这个时候一定要避免一个低级错误，不要把插孔留在电视机的正后方，那样是没法使用的，最好是留在电视机位置的上边沿或者下边沿，让电视机正好可以盖住插孔，又能方便地使用插孔。

如果客厅打算放置家庭影院，那么应该在电路改造的时候就把线路走好，特别要注意，在功放位置要留音频输入孔，另外后置的两个音响，根据是打算悬挂还是落地摆放，所留的音频线输出孔的高度位置是不一样的。

一般插座位置都喜欢离地200mm左右，但如果在客厅的沙发部分留在这个高度，以后使用起来就相当困难了，建议先确定沙发的尺寸，按照沙发靠背的高度，预留插座，让插座刚刚可以被沙发挡住，使用起来就方便多了。现在很多电话是需要电源的，在预设摆放电话的位置，别忘了留个插座。客厅电视墙四个五孔插座，一个网线电视线两用插座，虽然说电视可以用wifi看，但信号肯定没有有线的强。沙发两边各装两个五孔插座，一个是冰箱用插座，一个插热水器，另两个就是方便给手机充电了。

↑电视机背景墙尺寸

↑插座设计

2.沙发尺寸设计

沙发尺寸的数据并不是一成不变的，根据沙发的风格不同，所设计出来的沙发尺寸略有差异，家具设计最主要的依据是人体尺度，如人体站姿时的伸手最大的活动范围，坐姿时的小腿高度和大腿的长度及上身的活动范围，睡姿时的人体宽度、长度及翻身的范围等都与家具尺寸有着密切的关系。一般的小户型在选择沙发的时候可以选择双人沙发或者是三人沙发床，这些主要依据房间的大小来确定。

↑双人沙发

↑三人沙发

一般沙发座面距离地面高度在350~400mm，坐下后，坐高基本上应该与膝盖高度相当，沙发的尺寸也是根据人体尺寸确定的，根据人体尺寸，我国人体坐姿的大腿水平长度平均男性为445mm，女性为425mm，然后保证座面前沿离开膝盖内部有约60mm的距离，这样一般情况下沙发的座深尺寸在380~420mm之间。

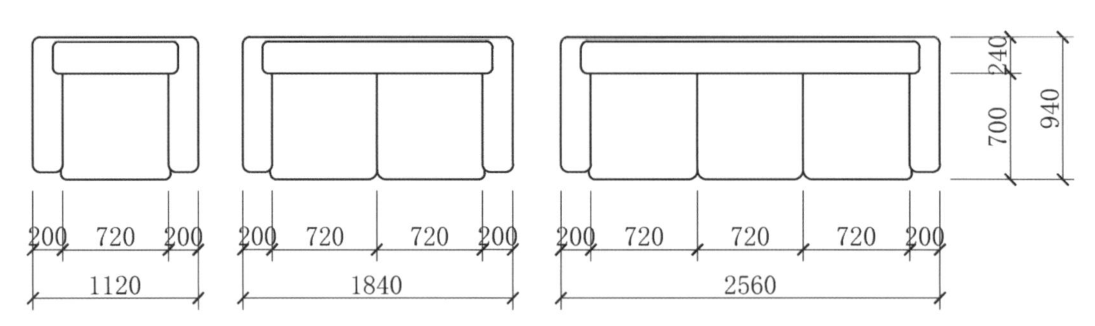

↑比较常见的沙发尺寸

沙发的座宽一般不小于650mm，对于有扶手的沙发来说，按人体平均肩宽尺寸加一适当的余量，一般不小于700mm，但也不宜过宽，应以自然垂臂的舒适姿态肩宽为准。沙发的座面倾斜度一般为3°~5°，相对的椅背也向后倾斜。一般情况下可以定在10m²左右的空间，这样是比较适合三人沙发或者是三人沙发床的，尺寸一般在2560mm×940mm。

沙发尺寸表 （单位：mm）

类型	图例	长度	深度
单人式		900~1120	800~900
双人式		1760~1880	850~950
三人式		2320~2580	850~950
四人式		2580~3220	880~980

3.电视背景墙设计

电视背景墙的设计十分重要，电视背景墙也可以称得上是客厅的主角了，不同类型的电视背景墙给人不一样的视觉感受，目前常见的电视背景墙都有各自的优势与缺陷。

↑功能性背景墙

↑背景墙造型

↑无意识行为

↑无意识的空间碰撞

一般电视背景墙的尺寸由客厅的大小来决定，如果是大客厅电视背景墙的尺寸一般都较大，电视背景墙尺寸应该根据背景墙空间大小规划，在电视背景墙装修之前，应首先提前规划好电视背景墙的空间大小，空间大小直接影响到了装修视觉效果。电视背景墙的空间大小主要由电视机的大小及放置空间的大小来决定，避免走入背景墙过大或过小的装修误区。

一面电视背景墙的结构包括电视背景区和整体过渡区，电视背景区即通常与电视机为对比色彩的区域，按黄金分割比例的美学划分，通常电视机占背景区1/3左右的宽度比较美观。而背景区又在整个背景墙面中占2/3左右的宽度为宜。

（1）同色系多层次过渡

主要的背景区和过渡区采用接近的色系，背景区比电视机稍宽，占背景墙1/3左右，过渡区占2/3，并且在背景墙外围再做一小圈对比过渡，让整个背景墙看起来独有层次感。

（2）借景

将不在一个视觉深度上的面纳入背景墙的设计中，利用一些线条或造型设计达到借景的效果。

↑同色系设计

↑借景设计

以上两点就是规划背景墙空间大小最主要的两个方面，当然对于出色的设计师来说，也有不少别出心裁的设计方法。

电视背景墙尺寸的规划有时还与电视区的设计注意事项有关，它们主要包括以下几点。

首先，电视柜对电视背景墙的视觉效果也起到调节的作用，同时与电器插座的设计也有关联。插座的高度是否合适这是设计师必须先考虑好的，免得以后电视柜将插座挡住，电视柜的高度一般是350～400mm，分为与背景区同色和异色两种情况，采用哪种类型的色彩会决定电视背景墙的高度规划。

其次，液晶电视机的电线一般是把电视机的位置线排出尺寸，然后在墙上刨沟，往里面下一根PVC管，然后就可以让瓦工将管抹在墙里，以后挂电视机的时候可以把电线穿在管里，这样就不会外漏电线而显得难看了。因此，为了方便后期维修工程顺利进行，这就要求电视背景墙设计时不能将维修点完全覆盖住，需要预留一定的空隙，这对电视背景墙的尺寸规划也有一定影响。

↑电视柜高度与背景墙设计

↑背景墙施工预留插座位置

4.顶棚设计

家居装修设计中，客厅顶棚不仅对整个居室起到装饰作用，还对家居布局有一定的影响。传统文化认为，顶棚是天的象征，设计合理的客厅顶棚能让家人心情愉悦，身心健康。一般住宅层高都在2.8m左右，如果客厅顶面采用顶棚来作为装饰，设计稍有不当，便会显得压抑。

一般设计顶棚，都是为了掩饰屋顶的横梁，但是如果顶棚为迁就屋顶的横梁而压得太低，无论在宅向文化或设计方面都不合适。因为如果顶棚设计得过低，会让人产生一种天塌下来的强烈压迫感，会对居住者造成消极的心理影响。客厅顶棚的尺寸设计决定了居住者装修后的生活品质。近几年不少家庭放弃了传统繁复的顶棚设计，将装修的重点放在了舒适耐看上，同时更加注重简约精细的顶棚设计。

↑顶棚过低

↑顶棚层次过多

↑简单顶棚设计

↑简约顶棚设计

而在日常的顶棚设计中，需要注意以下问题。

首先，顶棚不宜设计镜面。有的业主考虑到装顶棚后可能会产生压抑感，所以打算用镜面来延伸视觉空间，缓解顶棚过低形成的压抑，但长期被镜子所照射，人看到的是自己颠倒的影子，老人小孩的心理健康可能也会受到影响。

其次，顶棚颜色宜轻不宜重。传统文化的理气原理，有清气轻而上浮，浊气重而下降，也就是“天清地浊”说法。装饰客厅设计顶棚时，可以根据“天清地浊”的原理来考虑。顶棚无论使用何种材料，最好比地板和墙壁的颜色浅，否则会给人一种头重脚轻的压迫感，久住的话会让家人精神压抑，形成“头重脚轻”的感觉。

↑镜面顶棚设计

↑深色顶棚设计

最后，暗藏灯带弥补空间自然采光不足。房子的通风采光是否良好，是判断房子朝向和户型好坏的要素之一。良好的居室生活应该给人明亮的感觉，如果原户型的自然采光不足，那么设计师在空间设计时一定要用灯光来弥补，灯光过于暗淡，久处光线暗淡的空间中容易使人情绪低落，会使人在心里产生压抑感。

从光环境出发，可以在顶棚的四边木槽中暗藏荧光灯来加以弥补采光缺陷。让光线从顶棚间隙中折射出来，既不刺眼又能使整个空间散发光芒，而荧光灯所发出的光线最接近太阳光，对于采光不足的客厅而言最为适合。客厅内使用凹位造型顶棚，可以缓解顶面对人体形成的压抑感。

↑隐藏式灯带设计

↑凹位造型顶棚

图解小贴士

顶棚类型

1）平板顶棚。平板顶棚一般是以PVC板、铝扣板、石膏板、矿棉吸声板、玻璃纤维板、玻璃等材料，照明灯卧于顶部平面之内或吸于顶上，一般安排在卫生间、厨房、阳台和玄关等部位。

2）异形顶棚。异形顶棚是局部顶棚的一种，主要适用于卧室、书房等房间，在楼层比较低的房间，客厅也可以采用异形顶棚。方法是用平板顶棚的形式，把顶部的管线遮挡在顶棚内，顶面可嵌入筒灯或内藏荧光灯，使装修后的顶面形成两个层次，不会产生压抑感。

↑ 平板顶棚

↑ 异形顶棚

3）局部顶棚。局部顶棚是为了避免居室的顶部有水、暖、气管道，而且房间的高度又不允许进行全部吊顶的情况下，采用的一种局部顶棚的方式。

4）格栅顶棚。以木材做成框架，镶嵌上透光或磨砂玻璃，光源在玻璃上面。这也属于平板顶棚的一种，但是造型要比平板顶棚生动和活泼，装饰的效果比较好。一般适用于居室的餐厅、门厅。

↑ 局部顶棚

↑ 格栅顶棚

4.4 让人苦不堪言的衣帽间

衣帽间尺寸多大合适呢？对于这个问题设计师是很难界定的，但是可以根据房间的大小来计算，从而设计出适合的衣帽间。相信已经有不少人拥有了属于自己的衣帽间，而在装修完毕后，各种小摩擦、小毛病防不胜防，之前有客户抱怨衣帽间转角的两扇门无法同时打开，究其原因是因为设计师没有预留足够的开合间隙；衣橱门无法完全打开，只能打开一半；衣服放进去有一半堆积在底部，无法完全将衣服撑起；又或者衣挂太高，每次挂衣服需要垫脚等，这些问题时常出现，影响衣帽间的正常使用。而出现这些问题的根本原因在于设计尺寸不到位，在设计之初没有进行良好的测量与规划，导致装修入住后出现各种问题。

合理的储衣安排和宽敞的更衣空间，是衣帽间的总体设计原则，所以衣帽间可由家具商全套配置，也可以在装修时进行衣帽间定制。衣帽间是一个可以存储、收放、更衣和梳妆的专用空间，它有开放式、独立式、嵌入式、步入式等四种。

开放式衣帽间适合希望在一个大空间内解决所有功能的年轻人。利用一面空墙存放，不完全封闭。空气流通好，宽敞。缺点是防尘差，因此防尘是此类衣帽间的重点注意事项，可采用防尘罩悬挂衣服，用盒子来叠放衣物。

独立式衣帽间对住宅面积要求较高。特点是防尘好，储存空间完整，并提供充裕的更衣空间，要求房间内照明要充足。

↑开放式衣帽间

↑独立式衣帽间

衣柜构造

嵌入式衣帽间比较节约面积，面积在4m^{2}以上的空间，就可以依据空间形状，制作几组衣柜，门和内部间隔面积大的居室，主卧室与卫浴室之间以衣帽间相连较佳。宽敞卫浴间的家居则可利用入口做一排衣柜，设置大面积穿衣镜延伸视觉。拥有夹层布局，可利用夹层以走廊梯位做一个简单的衣帽间。衣帽间面积不必很大，可以利用搁板、抽屉等存放大量衣物。

步入式衣帽间起源于欧洲，是用于储存衣物和更衣的独立房间，可储存家人的衣物、鞋帽、包囊、饰物、被褥等。除储物柜外，一般还包含梳妆台、更衣镜、取物梯子、烫衣板、衣被架、座椅等设施。

↑嵌入式衣帽间

↑步入式衣帽间

衣帽间是人们生活质量不断提高的一个产物，正逐步成为每个家庭空间中不可或缺的一部分。理想的衣帽间面积至少在4m^{2}以上，里面应分挂放区、叠放区、内衣区、鞋袜区和被褥区等专用储藏空间。可以供家人舒适地更衣。整体衣帽间可在大空间家居环境下设计，也可以在现代家居住宅的凹入或者凸出的部分、甚至是三角区域来打造，能够充分利用这些家居空间。

衣帽间尺寸分为衣帽间的外部尺寸和衣帽间内部尺寸。衣帽间外部尺寸就是衣帽间的大小。这个主要由家居空间大小来决定。一般的家庭居室小房间面积为8～12m^2，大房间为14～18m^2，层高在2.5～2.8m的室内空间，衣帽间尺寸大约有2000mm、2200mm、2400mm三种规格的高度，2600mm、3200mm、3800mm、4200mm等宽度规格，300mm、450mm、500mm、550mm、600mm等深度规格。衣帽间的面积一般在4m^{2}以上，才能够保证家中物品的储存及使用者的活动范围。而衣帽间中的衣柜在衣帽间空间里贴墙建造，墙面大小直接影响了衣柜的大小，衣柜的尺寸由衣帽间大小来决定。

衣帽间衣柜内部需再根据衣物的品类分区，内部各个区域都有明确的分区及尺寸限定。例如衣帽间衣柜内部挂衣杆高度尺寸可分别为1700mm、1300mm、900mm三种尺寸，分别用来挂长大衣、短上衣和长裤；衣帽间内部尺寸：被褥区高度在400～500mm，叠放区高度尺寸350～500mm，存放鞋子的格局尺寸宽在200mm、高150mm、深度300mm，放矮靴的宽度为280mm、高度为300mm，高靴子的高度要有500mm等。

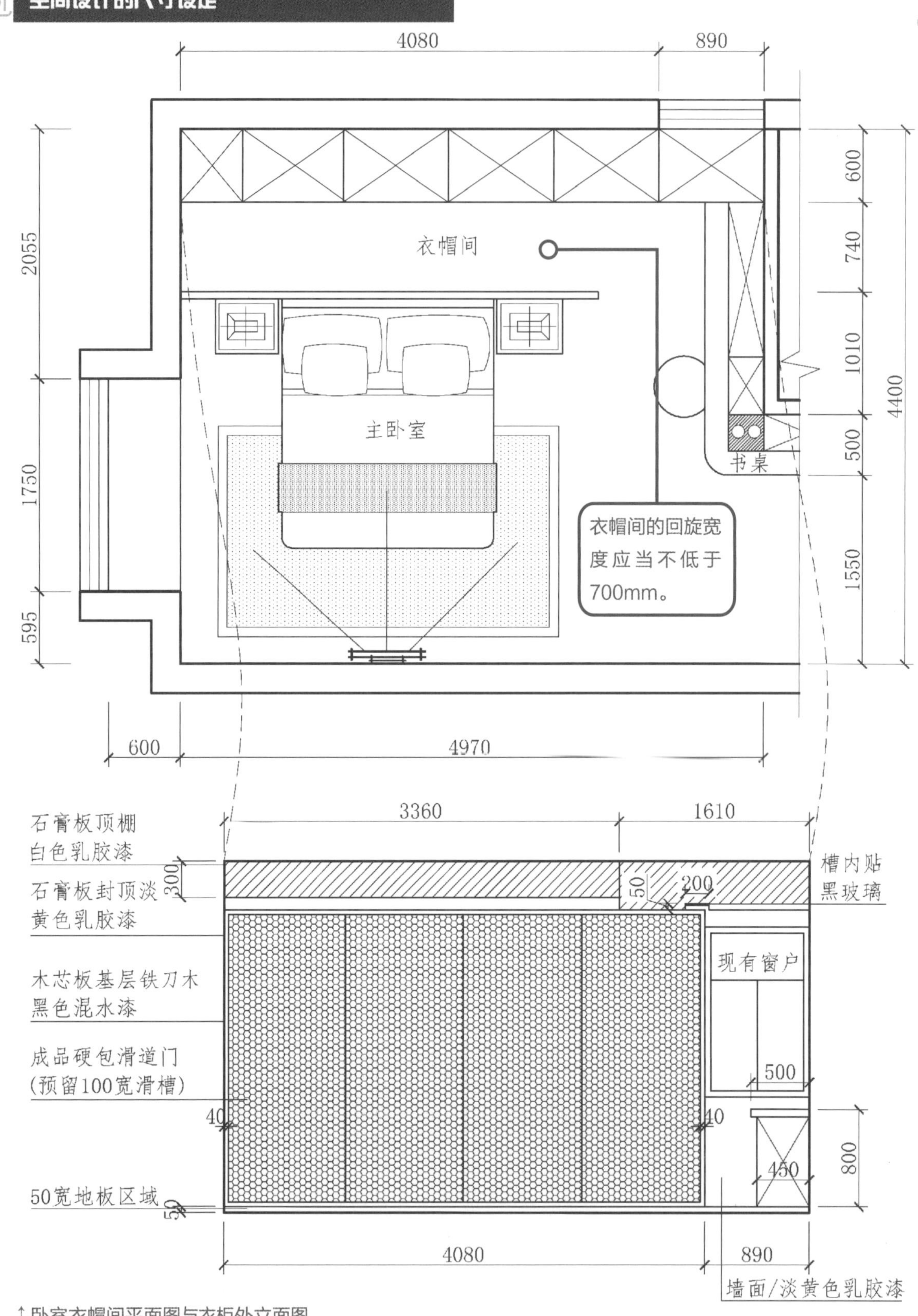

↑卧室衣帽间平面图与衣柜外立面图

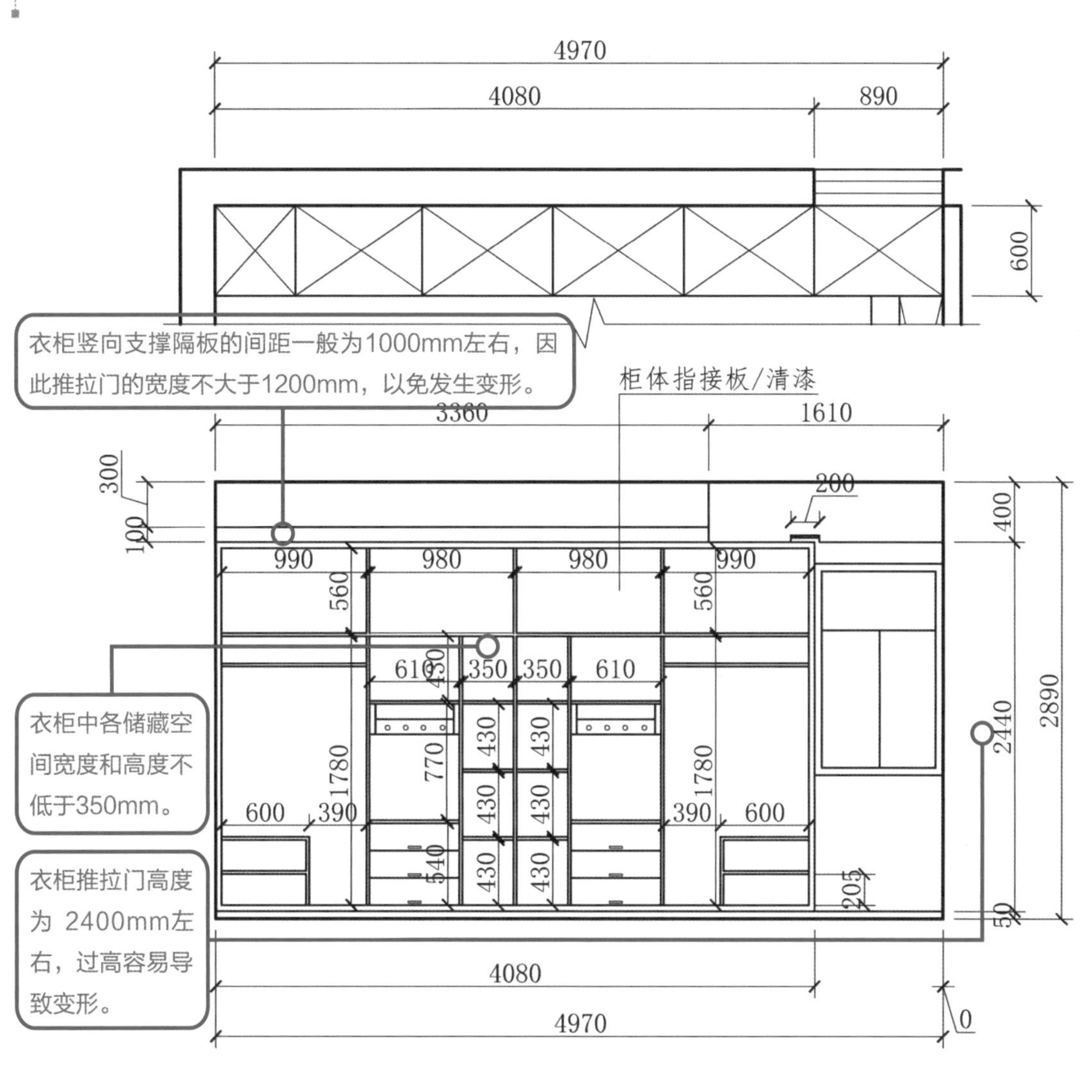

↑衣帽间柜内尺寸图

←衣帽间位于卧室中，与床头靠背相邻，衣柜与床头靠背之间保持650～780mm为佳，方便通行使用。

第5章 室内空间尺寸案例

识读难度：★★★★★

核心概念：室内尺寸攻略、解析、设计

章节导读：

室内空间是大多数人所待时间最长的空间，不论室内或是室外，空间尺寸不可避免地形成了对人们最为重要而又容易被人们所忽视的存在。同时，人们对其所处空间的形式、大小、色彩等方面的处理也是要尽可能地合乎使用者的内心需要。

5.1 井井有条的居住空间

居住空间（habitable space）是指卧室、客厅、餐厅、书房等使用空间。对于居住者而言，居住空间不仅是一种功能，更是集装饰与实用于一体。

↑卧室空间

↑客厅空间

↑餐厅空间

↑书房空间

居住空间设计是室内设计专业的重要课程，它解决的是在一定空间范围内，如何使人居住、使用起来方便、舒适的问题。居住空间不一定大，涉及的科学却很多，包括心理、行为、功能、空间界面、采光、通风以及人体工程学等，而且每一个问题都和人的日常起居关系密切。

居室的使用功能很多，主要有两大项：一是为居住者的活动提供空间环境；二是满足物品的储存。目的是使居室构成预想的室内生活、工作、学习必需的环境空间。它要运用空间构成、透视、错觉、光影、反射、色彩等原理和物质手段，将居室进行重新划分和组合，并通过室内各种物质构件的组织变化、层次变化，满足人们的各种实用性的需要。因此，要处理好人与物、人与人、人与环境的关系，特别是要注意体现房屋主人个性的独特审美情趣，不要简单地模仿和攀比，要根据居室的大小、空间、环境、功能进行设计。

1.原始平面图

从原始平面图中可以看出，开发商在设计时主要考虑到房子的整体布局，设计师在空间设计时则需要考虑到业主的生活需求。

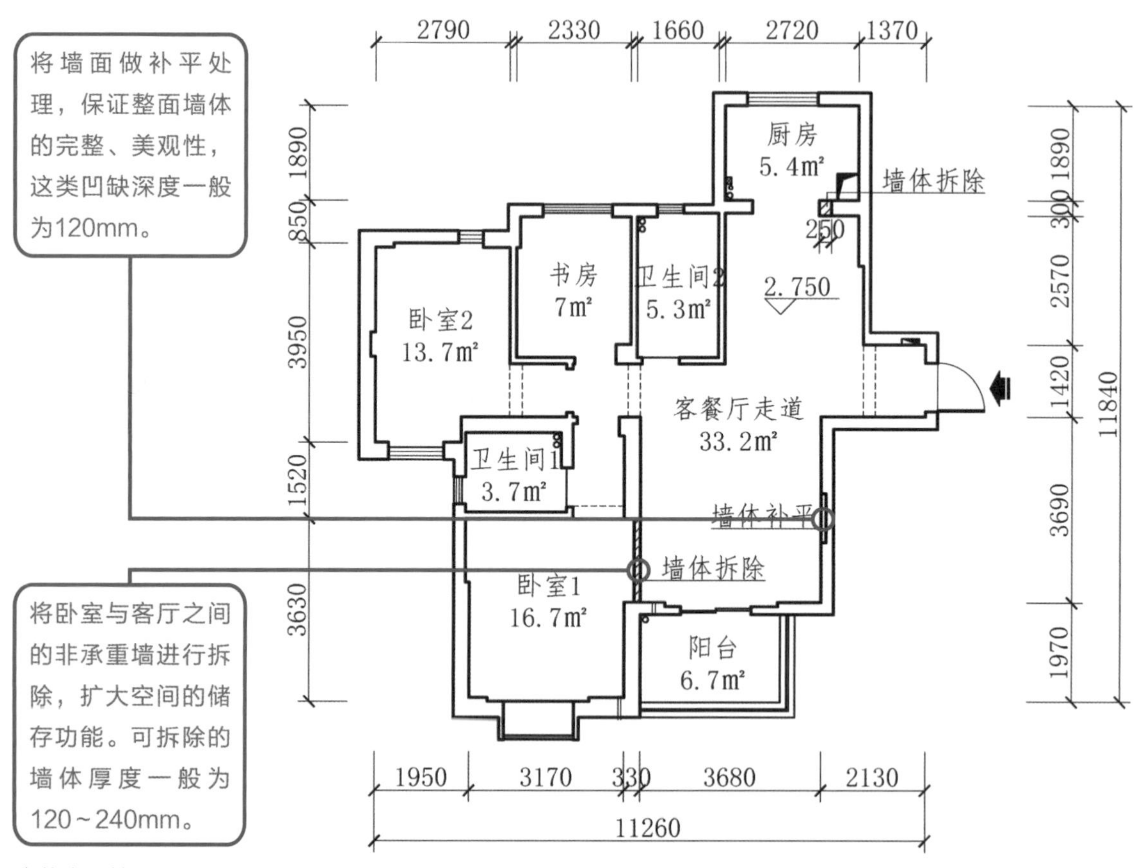

↑住宅原始平面图

图解小贴士

拆墙与补墙

在装修过程中，设计师经常会根据业主的需要改造房间原有的布局，这就不可避免地涉及原建筑墙体的拆除和重建。

1）拆墙。确定打拆部位，做好标识后才能进行拆墙施工。拆墙不准破坏承重结构、不准破坏外墙面、不能损坏楼下或隔壁墙体的成品。堵塞住地漏、排水口，并做好现场成品保护，避免拆除施工时碎石等物掉入堵塞管道以及损坏现场成品。

2）补墙。室内隔墙有砖墙和石膏板隔墙两种，其中石膏板隔墙属于木工的施工范围。首先，根据图样放样，在墙面画线；其次，利用线坠挂好垂直线及平面线，定直角，这样才能保证砌墙横平竖直。

3）水泥：砂按照1：3的比例搅拌好水泥砂浆。要注意其安全牢固，实用可靠，砖砌体的转角交接处应每隔8~10行砖配置2根直径6mm拉结钢筋，伸入两侧墙中不小于500mm。

2.平面布置图

平面布置图的合理性与创新性，是设计师进行空间设计的基础。如果在平面设计中有明显的尺寸问题，入住后的业主将会面临更多的关于人体与尺寸不协调的问题，平面布置图上的数据直接关系到业主今后的生活质量。

卧室2面积只有13.7m²，面积有限，要兼顾睡眠、储物及写作业等功能，在设计时满足使用功能的前提下，同时还要保证人体在通行时不会受到阻碍。

考虑到只有两间卧室，在设计书房时，采用了榻榻米与书柜、书桌相结合的设计形式，高450mm与宽1200mm的榻榻米也正好适合小憩与正常休息。

U形厨房在最大程度上让厨房的操作空间更强大，满足日常的洗涤、烹饪等操作与冰箱成三角关系，是最为方便的厨房行走路线。

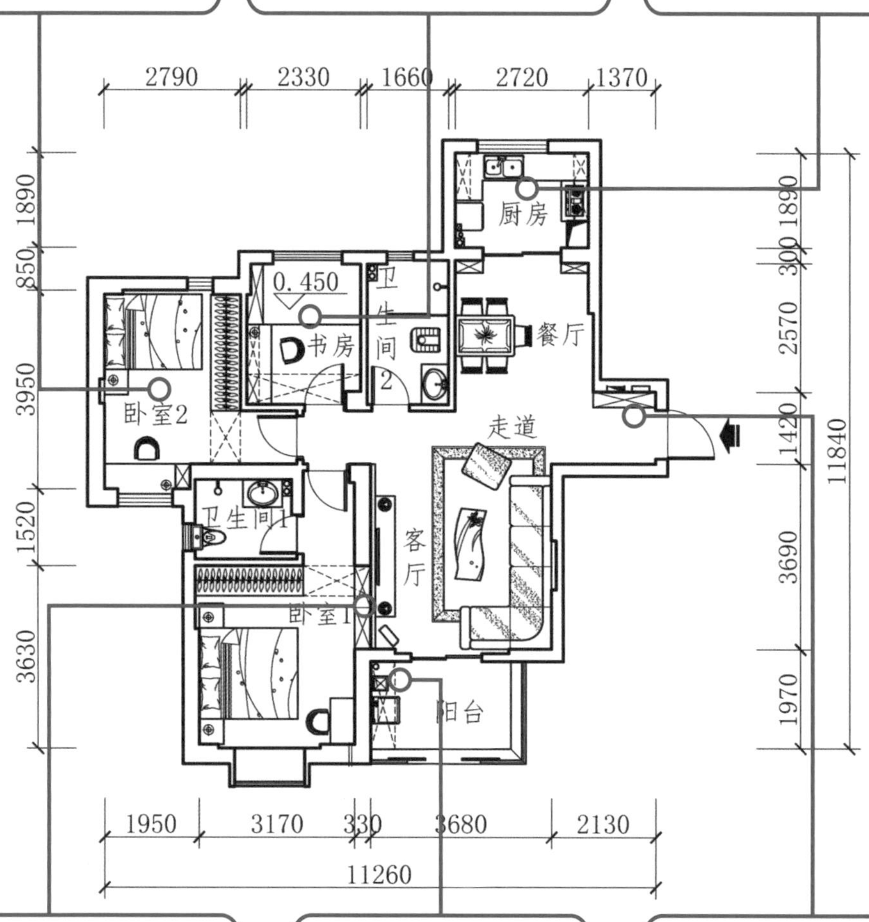

拆除了客厅与卧室之间1660mm的隔墙后，整个格局被打通，在原有的基础上做了与墙面等宽的储物柜，增加了家庭的储物量。

将洗衣机搬到了阳台，方便洗衣、晾晒等一系列的操作，又让卫浴空间显得不那么拥挤。

鞋柜+入户玄关，选择了靠墙设计，1200mm的长度与到顶设计，足够一家人日常的鞋子存放，同时也能收纳小的物件。

↑住宅平面布置图

3.空间设计

（1）背景墙与地面

客厅层高仅有2.75m，背景墙只做了简单的艺术处理，简约的线条与灯光设计，满足日常生活中的使用功能与审美性。

曲线形的艺术背景墙，柔化整个空间的棱角。

展示板与周边墙板的圆弧半径分别为320mm、450mm、400mm、200mm，具体标注见下图（电视背景墙立面图）。

背景墙结构上边缘距离地面2150mm，距离顶棚400mm。

电视柜高度距离地面300mm。

背景墙两侧预留450mm的间隙，刚好放置柜式空调。

插座距离地面600mm，放上电视机后刚好盖住插座，不会显得杂乱。

平立
构造

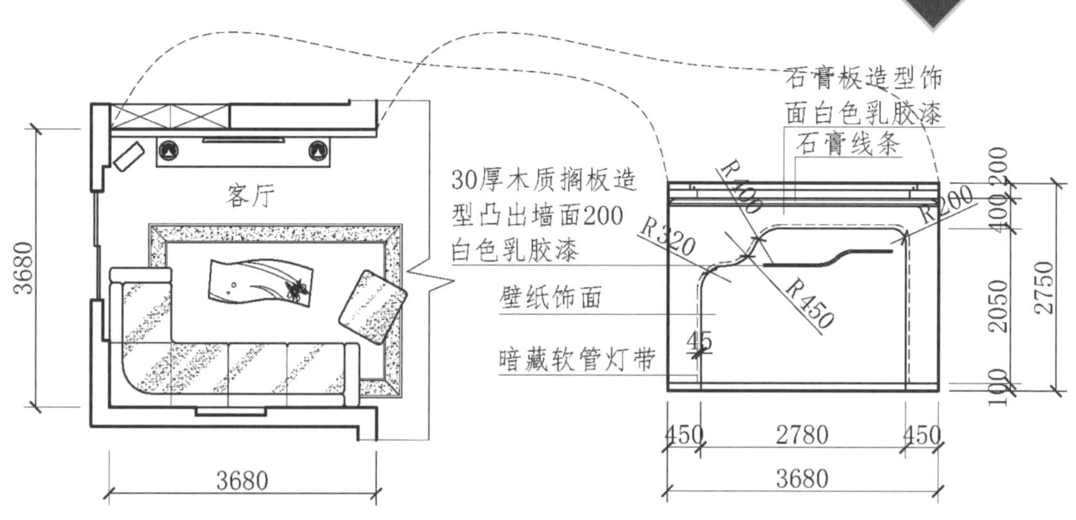

↑客厅局部平面图与电视背景墙立面图

（2）顶棚与灯光设计

顶棚设计是家装中较为繁琐的环节，一般人对顶棚的印象，只是停留在传统平顶的造型基础上，殊不知顶棚在家庭装修中占有极其重要的地位。另外，顶棚装修还要起到遮掩梁柱、管线，隔热、隔声等作用。顶棚的造型设计精彩多变，每一种都能创造出不同的装饰效果。

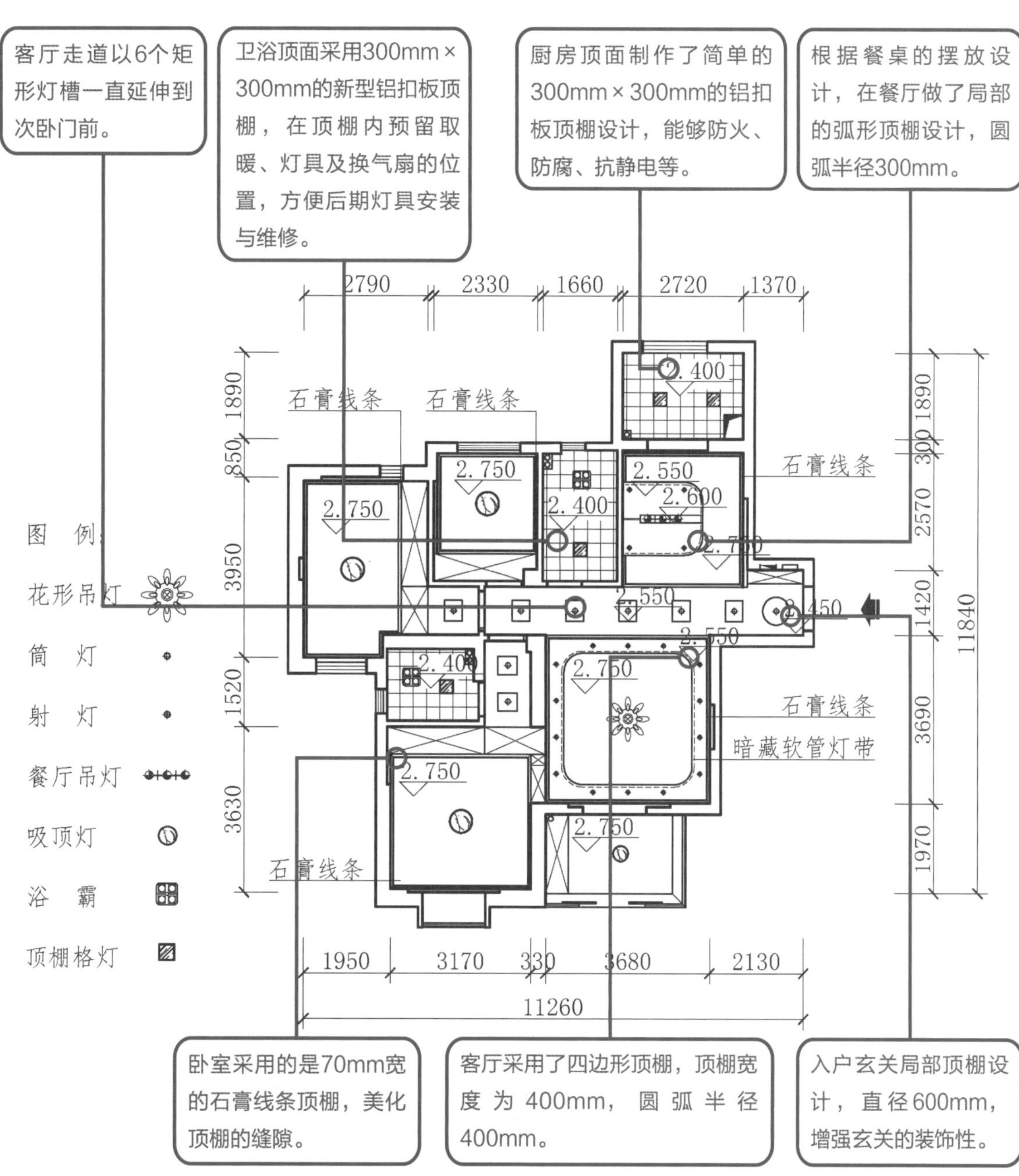

↑住宅顶面布置图

↑隐藏式发光灯带能够有效地弥补客厅顶棚照明不足，将整个客厅空间的氛围带动起来。

↑走道顶棚将客厅与餐厅在视觉上进行了分隔，也为走道提供了充足的照明，更具有延伸感。

↑卧室使用石膏板顶棚不会降低楼层的层高,不会让居住在其中的人感到压抑。

↑浴室采用防水防潮的铝扣板顶棚，因浴室长期存在水汽，石膏板、木质顶棚不适合用在浴室。

↑餐厅的灯光以筒灯、灯带、吊灯三种暖色灯源为主，营造一种进餐的情调。

↑低悬的吊灯与顶棚上的镶嵌灯结合，在满足基础照明前提下对餐桌进行局部照明。

（3）家具设计

家具尺寸设计是室内设计的关键，多一公分柜子就放不进去，少一公分墙面就会漏出间隙，都会影响家具的美观性。对于消费者来说，房子装修是一个追求完美的过程，有瑕疵的设计自然会引起消费者的不满，家具尺寸设计是考量设计师职业技能的重要方式。在$7m^2$的书房空间中，既要满足日常的阅读、学习需要，还需要具备偶尔接待客人入住的功能，需要设计师展现自己的设计能力。

↑1.2m宽2m长的榻榻米床足够一个成年人睡眠，床下方的抽屉可以用来储存物品。

↑考虑到家中的储物空间较少，榻榻米与书桌的上方做了储物柜设计，中部镂空设计成书架。

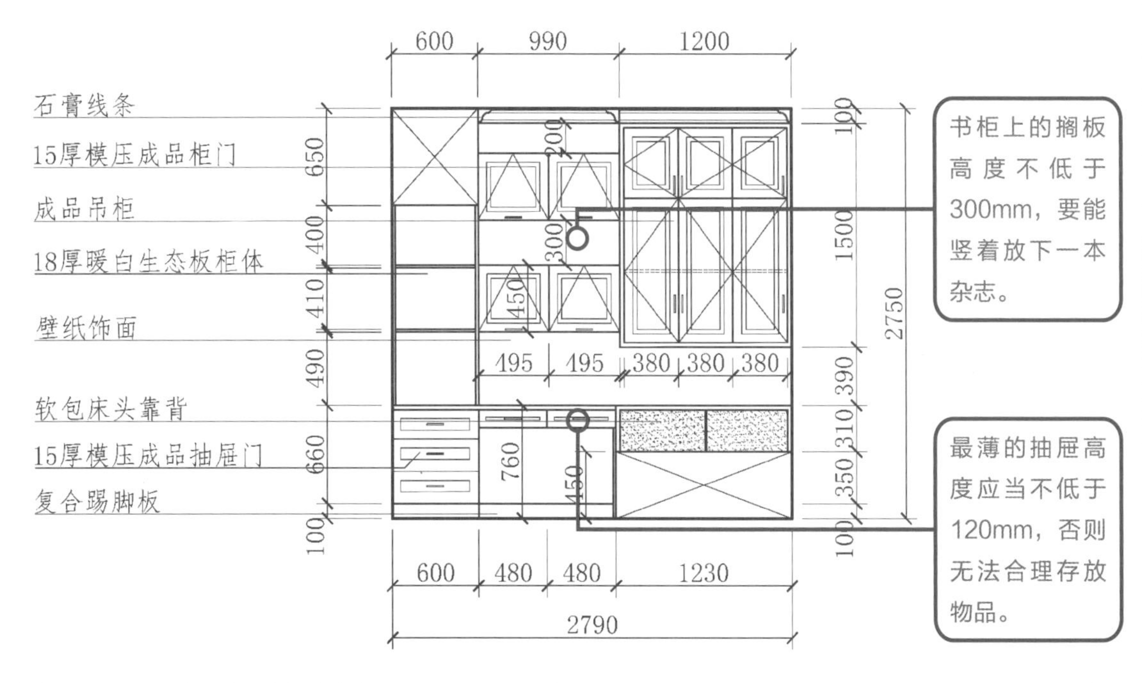

↑从书房的立面图来看，榻榻米床面高450mm，刚好符合人体坐下来的最佳尺寸，书桌高760mm，可以满足人在坐着时的活动空间。

（4）橱柜尺寸设计

一日三餐离不开厨房，厨房是每个家庭的装修必备设计，而橱柜是厨房设计的重点，一般的橱柜材质的使用寿命能达到8年，好一点的材质能达到20年左右。一般家庭装修后不会再做其他的改动，一旦尺寸设计不合理，问题将一直伴随下去，可见尺寸设计在橱柜设计中占据重要地位。

↑橱柜抽屉与柜门结合设计，可以使厨房的收纳空间更加的多样化。

↑地柜与踢脚板的高度为800mm，台面宽度为550mm，吊柜下部距离地面1650mm。

橱柜下柜高度800mm，与人体腰部高度相近，确切的高度应当是人体高度的50%＋50mm。

橱柜上柜与下柜之间一般为700mm，这个高度能合理放下各种挂件与小家电设备。

橱柜的柜门宽度一般为400mm左右，高度应当小于900mm，否则面积过大容易导致变形。

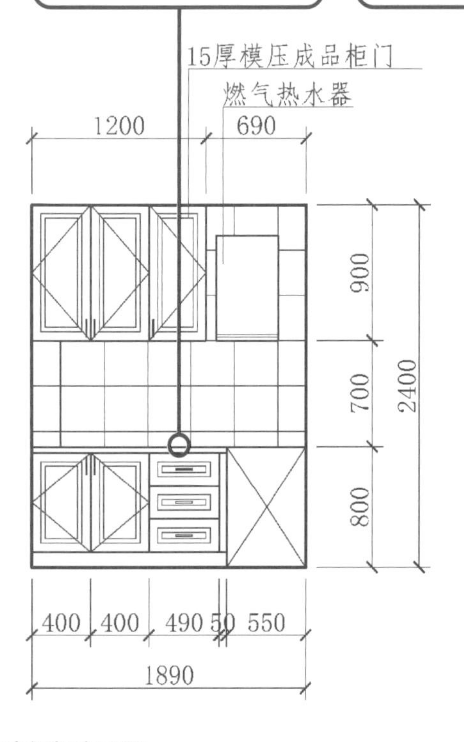

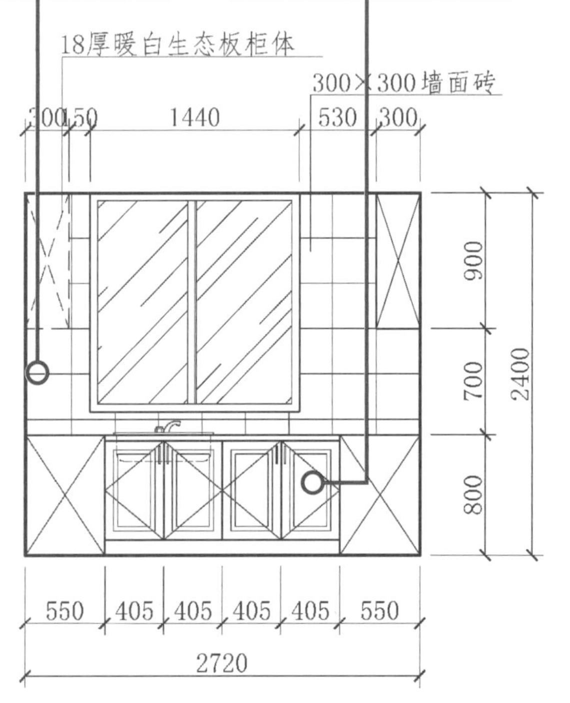

↑厨房橱柜立面图

5.2 下午茶的好去处

蜜糖松鼠咖啡厅是坐落于某大学内的一座校园咖啡厅，是一个学生课后休闲娱乐的好去处。在学生一食堂二楼的蜜糖松鼠咖啡厅，装修风格出众，店内的餐点极有品质，甜点和咖啡都达到了专业水准。

门头设计

1.门头尺寸设计

←咖啡厅在设计上十分注重尺寸之间的协调与色彩之间的平衡，门头设计、开门方向、窗户高度都是经过悉心地计算得来，整个室内的自然采光十分舒适。

立柱上的壁灯高度应当大于2400mm，不容易被行人无意碰到。

窗台高度为600mm，方便窗内顾客保持坐姿时能看到窗外。

护墙板高度为1000mm，能有效保护墙体不受外部各种污染。

主体LOGO的视觉中心高度为1600mm左右，符合行人的视线高度。

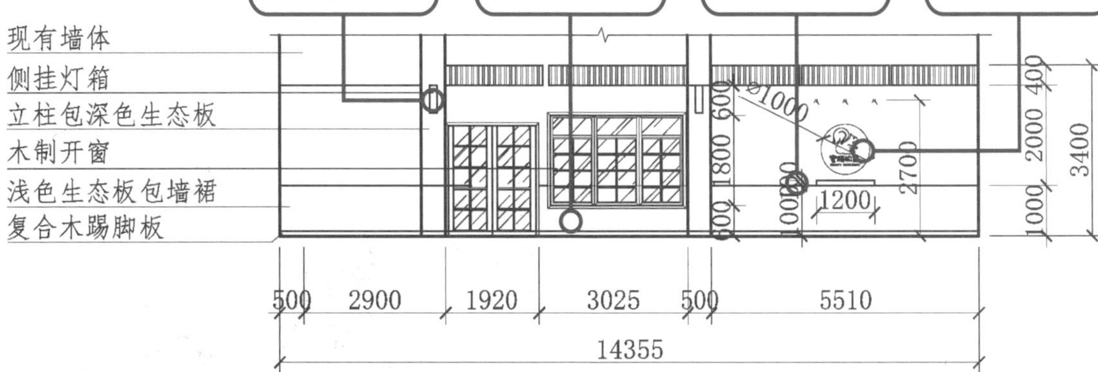

↑门头立面图

窗户距离地面600mm，比门高260mm，透过窗户可以欣赏到窗外的校园风光。门头上方的遮阳设计为四个1800mm×400mm与一个2800mm×400mm遮阳篷，显得更加整齐有序，整个外部空间的尺寸设计拿捏得十分精准。

2.咖啡厅平面布置

从咖啡厅的平面布置图来看，整个空间呈现出对称式的布局设计，两侧分别为操作间与烘焙区，中部空间是接待客人的区域，桌椅的摆放十分对称，整个空间显得井井有条。

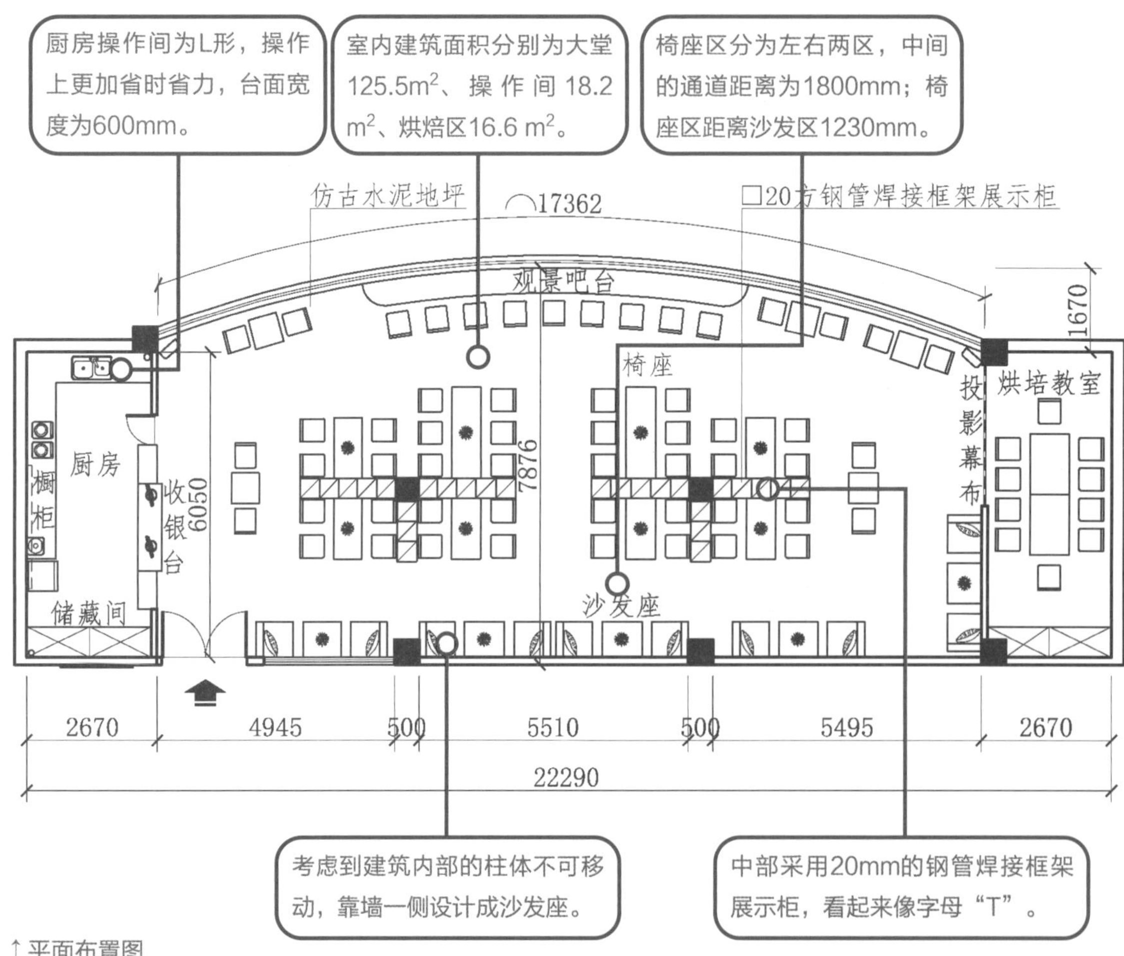

↑平面布置图

3.家具尺寸设计

原木色的餐桌简洁清新，让整个空间充满文艺气息。加上绿植从中点缀，显示出室内空间的勃勃生机。

→原木色的桌椅透露出清新自然的文化氛围，简约的线条设计让整个空间更具规模。

←隔断展示柜使用400mm×400mm的木质拼接格子进行组合，朝着不同的方向错落摆放，形成隐隐约约的美感。

家具设计的板材以米色生态板为主，简约时尚是整个空间设计的主题思想。考虑到柱体影响整个设计的美观性，将室内所有的柱体进行了软包装饰，与整体风格一致。

铁架型材的边长为20mm，能满足承重要求，中间镶嵌的木质盒子可多种方向放置，内部能存放各种物品。

整体高度一直到横梁下，上部盒子中可以放置装饰品，不取用，下部可以放置书籍、玩具、器皿等可随时取用的物件。

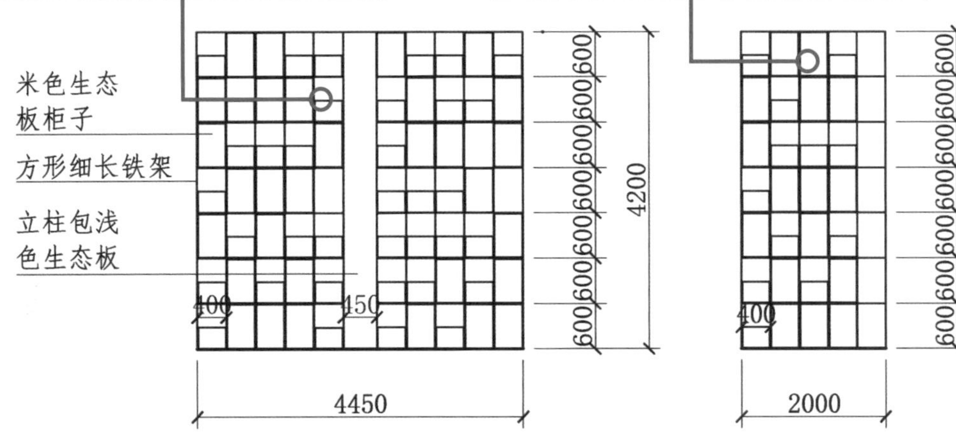

↑隔断展示柜立面图

靠墙沙发座的桌子尺寸为700mm×750mm。

一人座的餐桌尺寸为600mm×600mm，在靠近窗户的位置。

隔断展示柜采用了不同规格的木质柜体进行组合，在统一中求变化的设计方法，形成了具有变化的形式美；包柱设计与展示柜形成一个整体，在色彩上与餐桌相呼应。

餐桌的设计形式共分为一人座、双人座、四人座与六人座。一人座可以满足一个人的午后畅想；双人座可以是两位友人在一起畅谈生活；四人座与六人座还可以是朋友之间的小型聚会。在这里，人们总能找到适合自己的位置。

↑一人座与双人座

↑四人座与六人座

窗边的小多肉和香草在下午的暖阳下嫩绿可爱，散发着来自大自然的气息，是这个校区里难得的文艺之所，观景吧台可以观看校园风光。悠闲的午后在这里点上一杯咖啡、一份精致可口的餐点，看着校园里人来人往的学生们，所有的烦恼在此刻也都烟消云散。

↑靠窗观景吧台

↑吧台设计

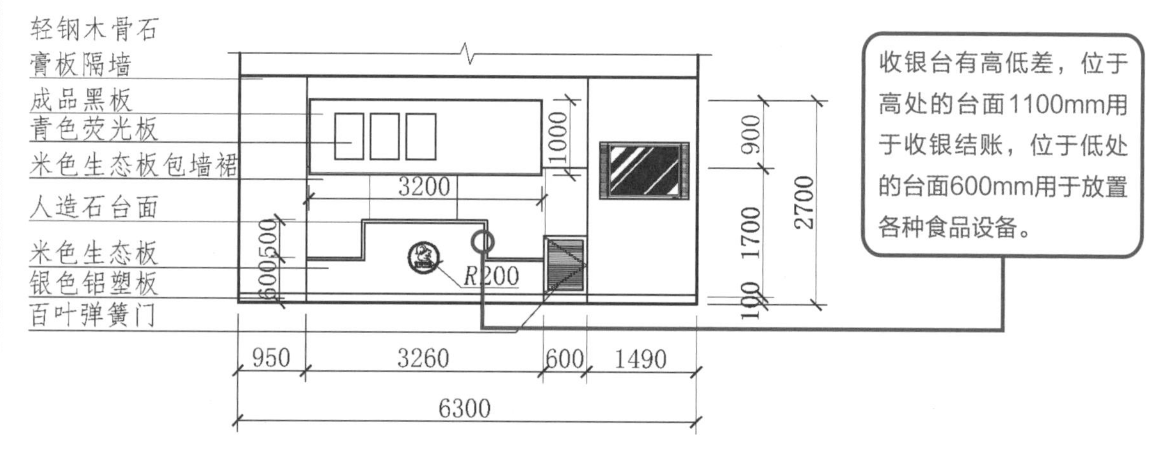

↑收银台作为消费者进店后第一眼就能看到的场景，设计上更应该重视，尺寸设计就显得十分的重要，收银台太高不方便客人点餐取餐，太低就会让操作空间一览无余，适合的尺寸才是设计之道。

5.3 不再枯燥的办公环境

办公空间是人们在生活中的第二活动空间，每天至少有8h会在这个空间内进行工作，相对于家庭空间，办公空间的舒适性与功能性决定了人们在其中工作的心情与效率。这次设计的办公空间位于某科技园的一家现代化公司，根据这家公司的发展方向及业务往来关系，在设计中更加注重员工在工作环境中的人性化与功能性设计，营造良好的办公环境。

→园区景观大气，各办公间的窗户宽度为1000mm，但是数量较多，采光充足。

1.原始户型图

现有户型布局比较规整，但是在边角有空调机位，占据了约2m²空间。

立柱凸出尺寸为590mm，宽度730mm，影响正常布局，在设计中要经过充分考虑。

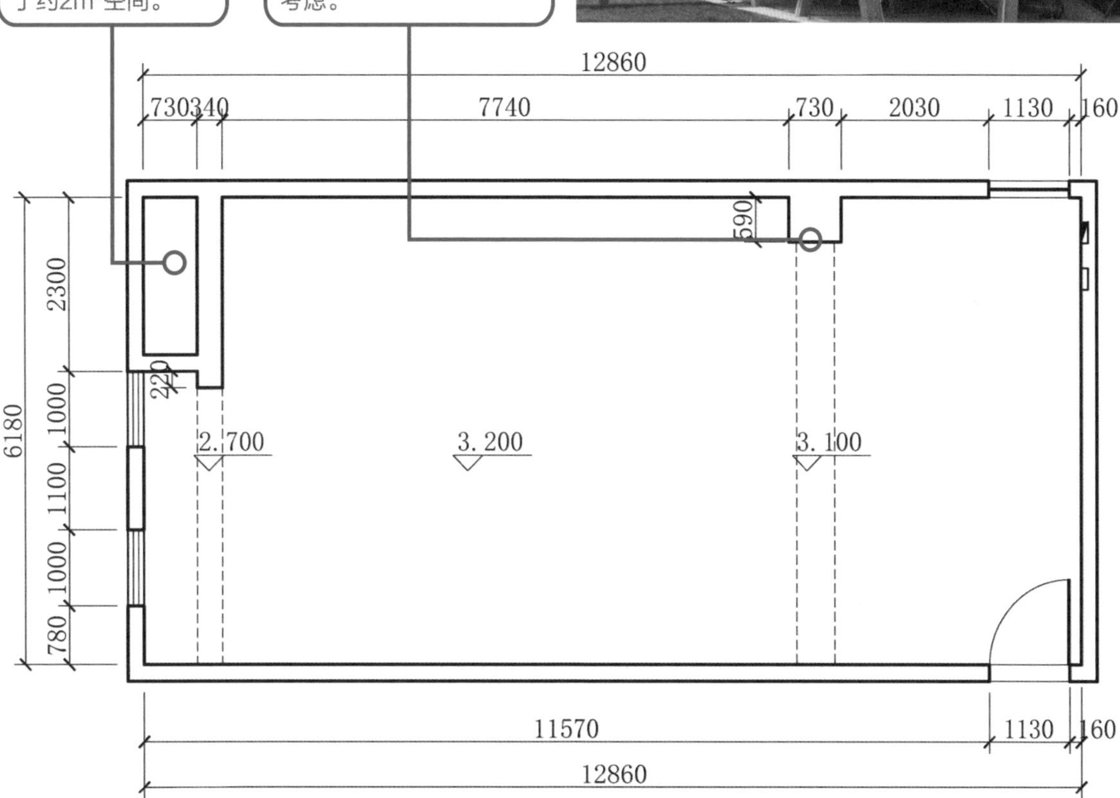

↑从原始平面图中看到整个空间十分规整，拐角与异形处几乎没有出现，这样的空间能让设计师在脑海中更快地形成空间布局设计。整个空间的面积约80m²，但是要满足包括总经理在内的14名员工在一起办公，是对室内家具尺寸设计的考验。

2.平面布局图

平面布局图是检验设计师的设计是否合理的重要依据，根据图中尺寸能够分析出人在这个空间中的立姿、坐姿是否舒畅，长期坐立后的手脚是否能够舒展，这些都能从平面图中得出结论。

一般来说，办公室空间设计由接待区、会议室、经理办公室、财务室、员工办公区、储藏室、茶水间等几个部分组成。办公室的设计应该突出现代、高效、简洁的特点，同时反映出办公空间的人文气质。在设计环节中，应该将设计注入更多的人性需求元素,采用现代人机学理念布局，在保证人体充分活动的基础上，合理利用空间。

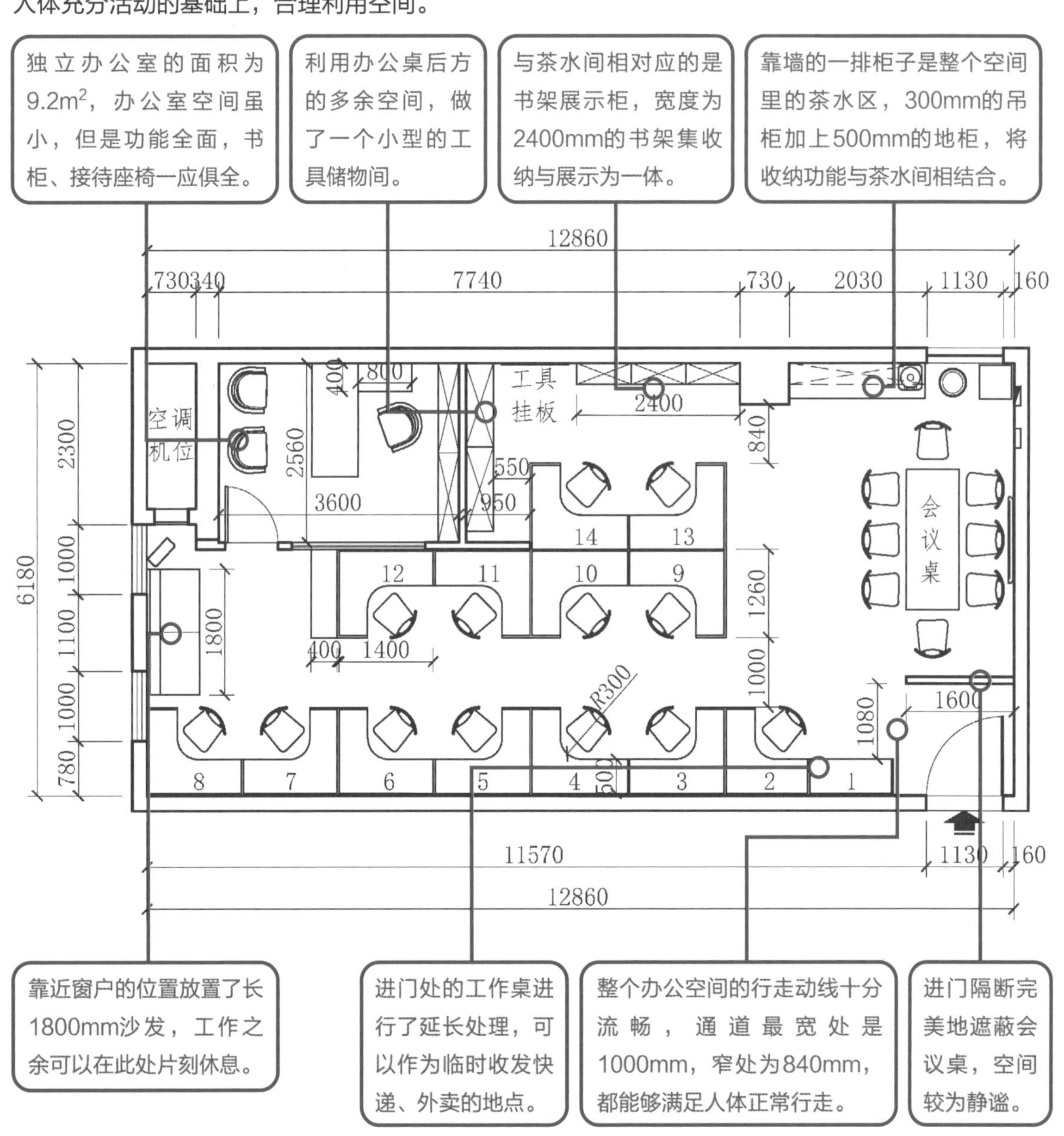

↑平面布局图

3.焕然一新的办公区

空间设计最终都是需要经过实践的检验，设计完成后的办公环境让人眼前一亮。办公玄关设计是一个公司的灵魂设计，是客户进门第一眼对整个公司精神面貌的印象。

接待区一般设计在走进门口的右边。这是由人们的习惯决定的，一般情况下，人走进一个房间都会习惯地往右走，所以接待区应设在右边。

↑玄关墙正中部位做了宽400mm、长1600mm的聚晶玻璃装饰，外框使用不锈钢方管包边，打造前卫、时尚的办公空间。

↑玄关墙的背面采用规格为90mm×5mm的防腐木做全包处理，装饰画丰富了原本空白的墙面。

镶嵌玻璃的中心高度为1400mm，适合室内近距离安装LOGO，上下瓷砖分隔对称，距离顶面保留400mm高度方便安装各种管线。

灰色乳胶漆喷涂
50宽石膏板条
400mm×800mm加工玻化砖
20不锈钢方管
5厚装饰聚晶玻璃
400
1200
400
1200
3200
800
800
1600

背景墙背后的装饰画安装中心高度也为1400mm，与正面镶嵌玻璃高度一致，横条形防腐木材质与装饰画形成呼应。

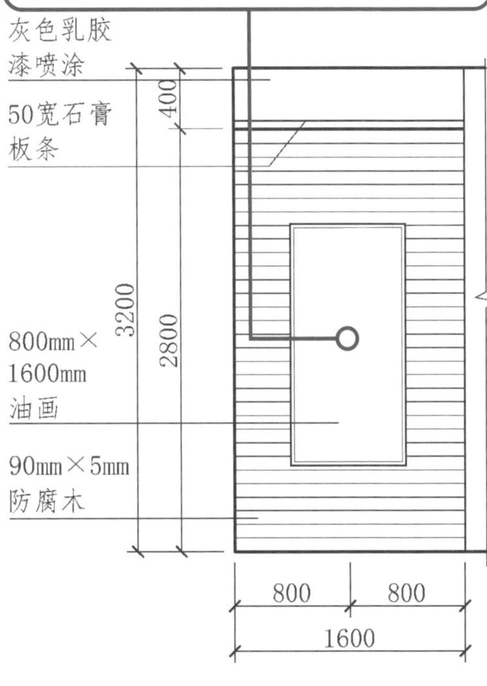

↑玄关墙立面图

对于长期从事室内工作的人群来说，眼睛长期对着计算机容易产生疲劳感，少量的绿色元素设计能够有效地缓解工作给眼部带来的压力，原木系的生态板与暖色调的墙砖以及灰色地砖，在色彩上层层过渡。

办公桌凹进去的弧度直径为300mm。

玻璃隔断的挡板距离桌面450mm，距离地面1200mm。

办公桌采用双人座设计，中间用挡板分隔，既能够随时沟通，也可以做到互相不打扰。

↑办公桌

↑办公区域布局

配套的储物柜规格为400mm×400mm，距离地面高600mm，储物柜与桌面空余的空间用来放置手提包等物件。

办公桌距离地面750mm，短边宽450mm，长边宽500，对角最深处达到了730mm，放置计算机后刚好足够手臂支撑在桌面上。

在布局上两侧为办公桌，中部的走道宽为1000mm。

图解小贴士

办公空间设计要素

1）功能性要求。办公空间设计项目的内部至外部，装饰装修、陈设家具、景观绿化等各方面应最大限度满足功能需求，并使其与功能性协调统一。

2）经济性要求。即用最低的能耗达到最佳的设计效果，减少能耗，物尽其用。尽量利用当地气候和通风条件，减少空调能耗，确定设计项目的采光模式，减低照明能耗。

3）美观性要求。对美的追求是人的天性。既要突出办公空间设计的特点，又要强调设计在文化和社会方面的使命和责任。

4）个性化要求。具有独特的个性风格才可保持设计的长久性和持续性。

5）可持续发展要求。在可持续发展理念下进行办公空间设计，在注重经济性设计的同时，关注可持续发展。在设计中尽量使用天然材料，减少二次加工污染等。

4.经理办公室

总经理办公室是不和副经理的办公室靠在一起的，而且以右为尊，所以总经理的办公室会设在公司的右边。另外一个原因是总经理与副经理的职能不同。总经理是一个公司的总负责人，是运筹帷幄的角色，而副经理则是处理公司内部的各项具体事务。一般经理的办公桌要比员工的办公桌大，如此才为较为完美的设计。普通办公室每人使用面积不应小于4m²，单间办公室净面积不宜小于10m²。如果空间不够大的话，要在旁边安置几个柜子，来增加气势。总经理办公室面积为9.2m²。

→办公桌后做了一面2400mm×2560mm的书柜，丰富办公空间。

办公室室内开门宽度为800mm，高度2000mm，门窗之间的间距保持200mm以上。

采用石膏板制作的装饰分界线宽度为50mm，能有效区分顶面与墙面的关系，使层次更丰富。

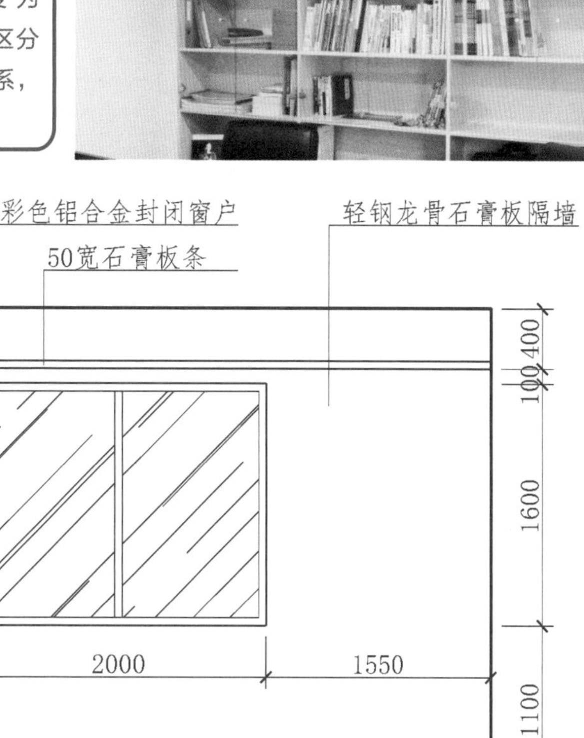

↑考虑到独立办公室采光有限，打造了2000mm×1600mm的彩色铝合金全封闭窗户。员工办公桌的高度为1200mm，人在坐着时视平线在1200mm左右，经理办公室的窗户设计在离地面1600mm，既能达到采光的效果，也能保证隐私。

5.4 物外书屋尺寸设计

这是一家位于哥伦比亚的儿童阅读书店。整个外立面采用钢架结构设计，镶嵌上600mm×400mm的玻璃，即使是在下雨天，整个书屋也十分明亮。结合儿童书店与咖啡厅的设计，在富有童趣的装饰摆设下，营造出一个自由无拘束的阅读环境。

←书店门头采用90mm×5mm防腐木设计，刷过保护层的防腐木在灯光的照射下，将整个门头照亮。

钢结构骨架的网格尺寸为400mm×600mm，既起到支撑构造的作用，又能起到围合阻挡的功能。

←书屋为孩子准备了小而隐蔽的地点及区域，在这里他们可以绘画，休息和玩耍，同时也可以阅读并享受一本好的书籍。

搁板之间的间隔尺寸为400mm，能放置各种图书。

六边形边长为1000mm，这种支撑结构能满足承重。

→对于成年人，则有私人的阅读室和共享的桌子，周围环绕温暖的材料，家具和装饰品，令人惬意愉悦，带来一个好故事，一本好书。

1.一层平面布置图

书店的一层主要是作为休息区与阅读区。在平面布局上将设计的重心“图书展示”运用周边式布局和中心布局的方式展现出来。

靠近门厅处的一处空地做成了沙发搭配圆桌的设计，可以慵懒地窝在沙发里阅读自己喜爱的书籍。

靠墙的展示柜集书籍展示与创意造型为一体，突出整个空间的展示性能。

书店中间是并列的书架，展示着当季的畅销书，进门第一眼就能察觉到时尚元素。

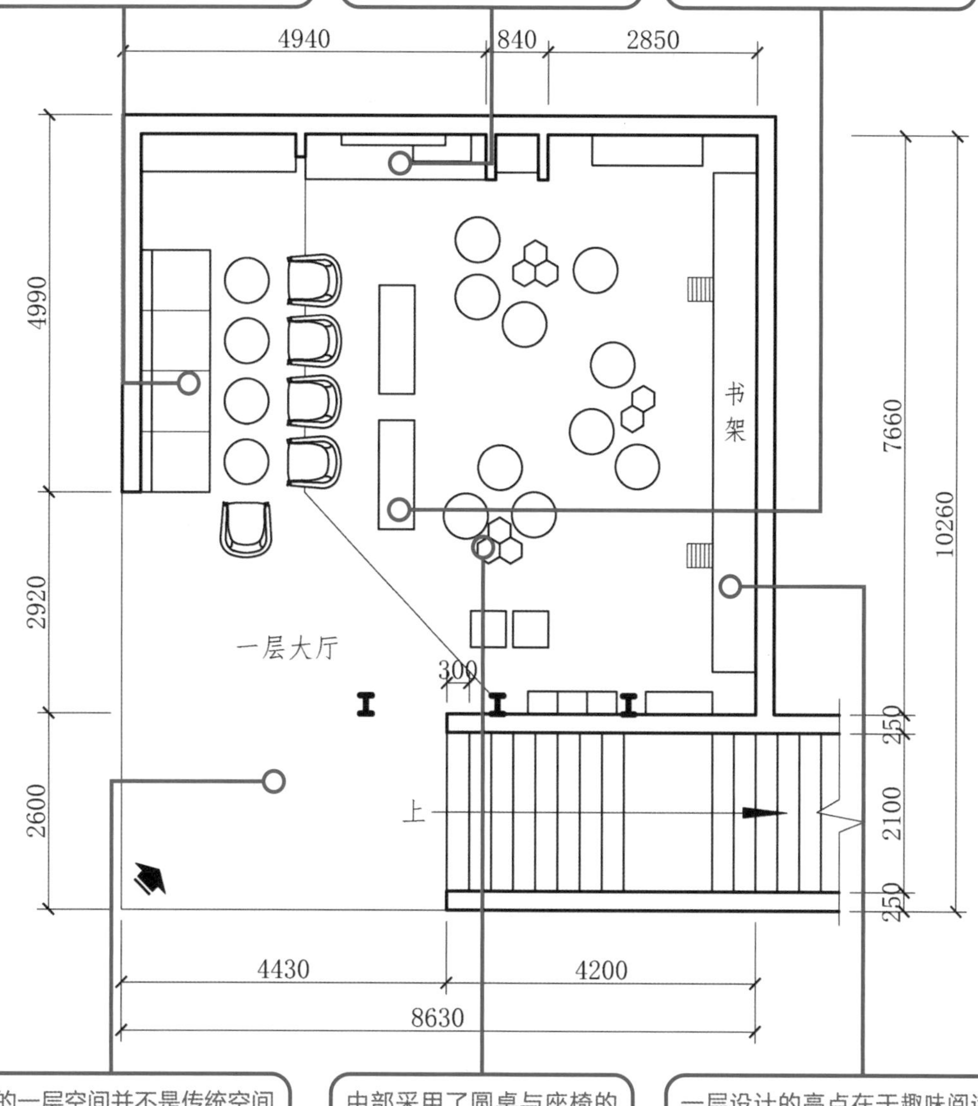

书店的一层空间并不是传统空间造型，凹进去的门厅形成了梯形空间，在视觉上更容易创造出富有变化的空间布局。

中部采用了圆桌与座椅的配套设计，适合一家三口围坐在一起观看书籍。

一层设计的亮点在于趣味阅读区的设计，六边形的树洞设计，给予阅读一定的私密性与趣味性，小型的星星灯为阅读提供充足的照明。

↑一层平面布置图

2.二层平面布置图

二层平面布置图主要分为收银区、操作区、图书展示区、儿童阅读区以及咖啡座。

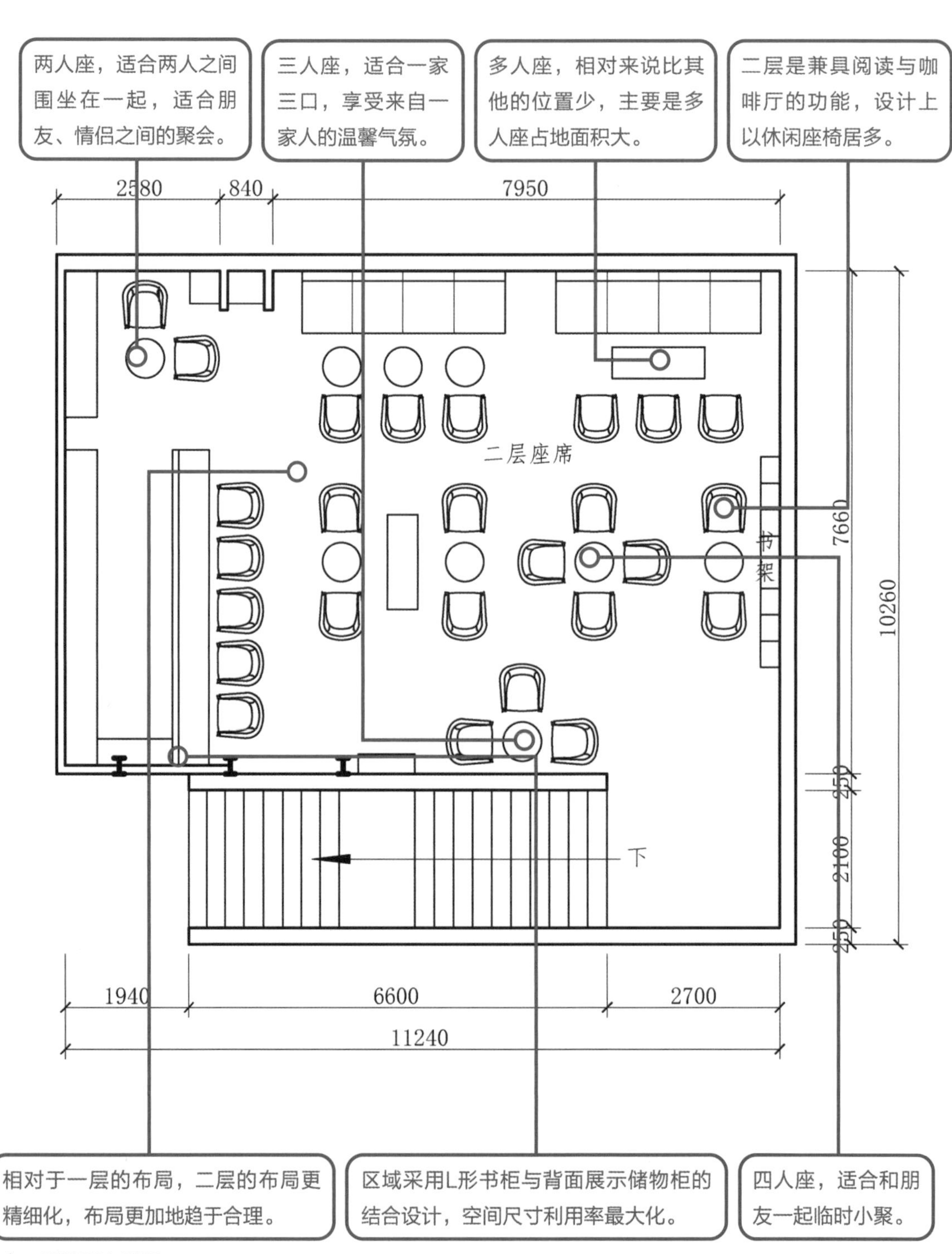

↑二层平面布置图

书店同时向人们提供城市中最好的咖啡之一，沙发与座椅的结合设计，让客人的选择性更多，既可以端正地坐在此处看书，也可以很随意地窝在沙发上阅读。

↑沙发与座椅设计（一）

↑沙发与座椅设计（二）

二层的操作区完美地将咖啡厅与书店结合在一起。浓郁的咖啡香味与书卷的味道产生碰撞。大人们则可以在私人阅读室，或者在公共阅读桌旁看看书。书店咖啡厅里的一切都是采用柔软的材质做成的，家具和那些饰物好像都在向人们证明："一本好书能够给人带来无比的愉悦"。

↑操作区在墙面设置高低不同的层板，用来展示店内的咖啡品种。用不同大小、颜色的吊灯来装饰整个空间的趣味性。

↑开放式格子架展示书籍能够有效地利用墙面的空间，只需做出简单的隔断，就能创造出令人惊奇的效果。

↑靠近外侧低矮的书架，即使是儿童也能轻松地拿到自己想要看的书籍。

↑充满趣味性的儿童座椅，引发儿童前来阅读的好奇心，让儿童爱上阅读。

↑书架与坐席区紧密相连，方便取书还书。

↑墙面上挂置科学名人画，营造出知识浓郁的阅读氛围。

良好的阅读环境离不开尺寸的设计，其中包括家具尺寸、人体尺寸、空间大小以及居住者的习惯，以实木打造顶棚、桌椅、墙壁等，搭配绿色植物让整个环境看起来充满活力，展现出大自然带来的无限生机。在这里陪着孩子看看书，喝喝咖啡，这样的亲子互动时间一定不会无聊。

↑顶棚设计

↑绿化设计

↑绿化墙设计

↑展示设计

5.5 大型作业空间尺寸解析

空间有大有小，在设计上的侧重点有所不同，相对于室内的每个房间，设计上更注重人体的感官享受，而针对大型的车间、厂房设计，设计师在设计时更加倾向于空间使用率及空间动线设计，如何通过空间设计达到提高生产效率的作用，以及在安全隐患中如何在最短的时间内有序地从厂房中撤离，这些都是设计师在设计时需要考虑的问题。

这是一座三层高的工业厂房，业主打算将其设计成一座现代化的工业厂房，集生产加工、销售、质检为一体。

1.厂房原始结构图

（1）一层原始平面图

观察原始平面图的结构及尺寸特征是设计师首先需要做的准备工作。

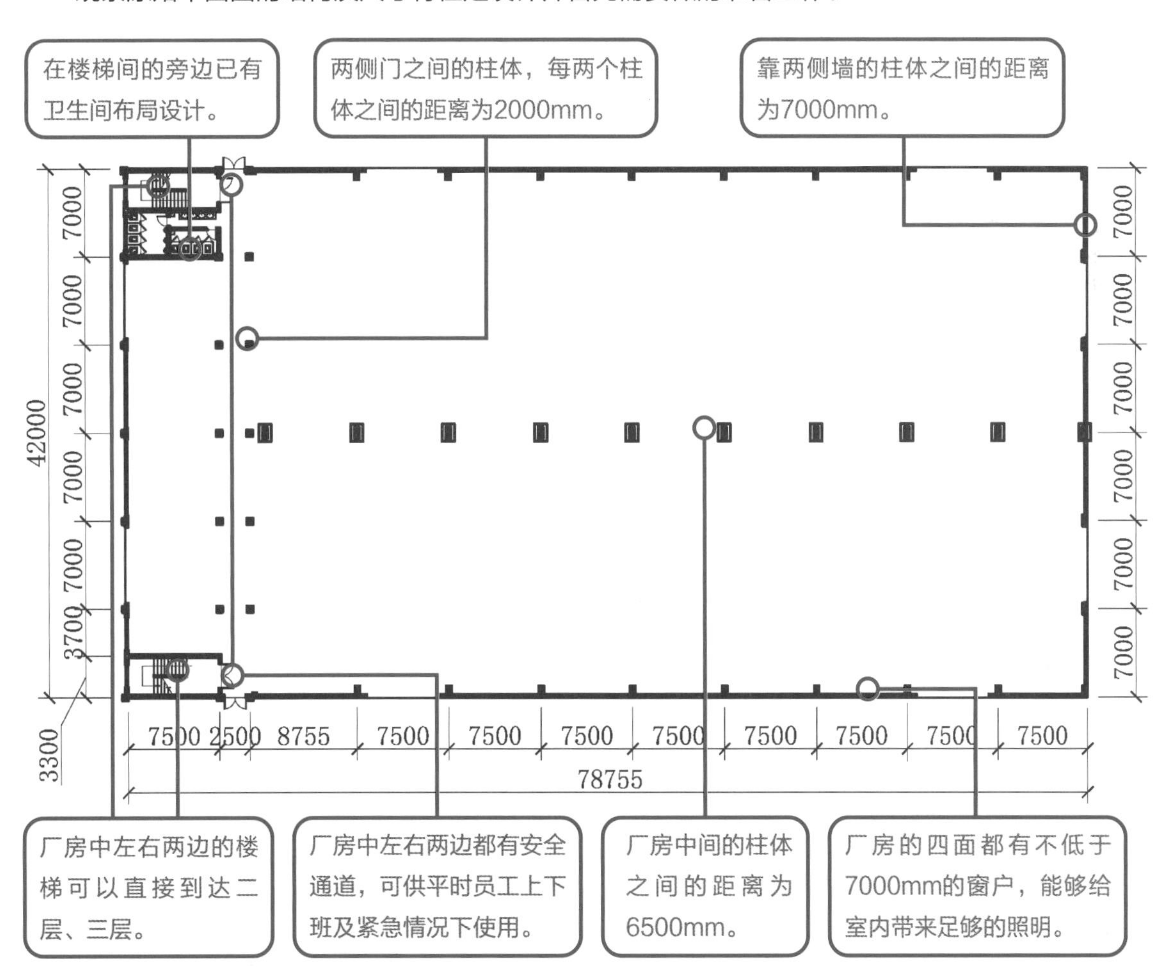

↑一层原始平面图

（2）二层原始平面图

二层的使用面积不到一层面积五分之一。在平面结构上依然与一楼相差无几。

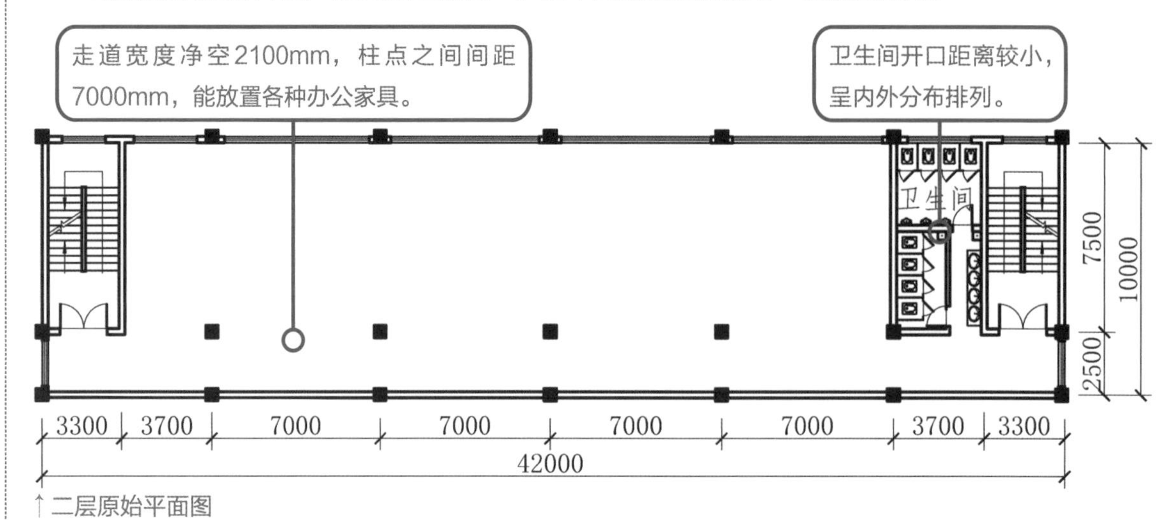

↑二层原始平面图

（3）三层原始平面图

三层原始平面图与二层原始平面图在构造、尺寸上完全相同。

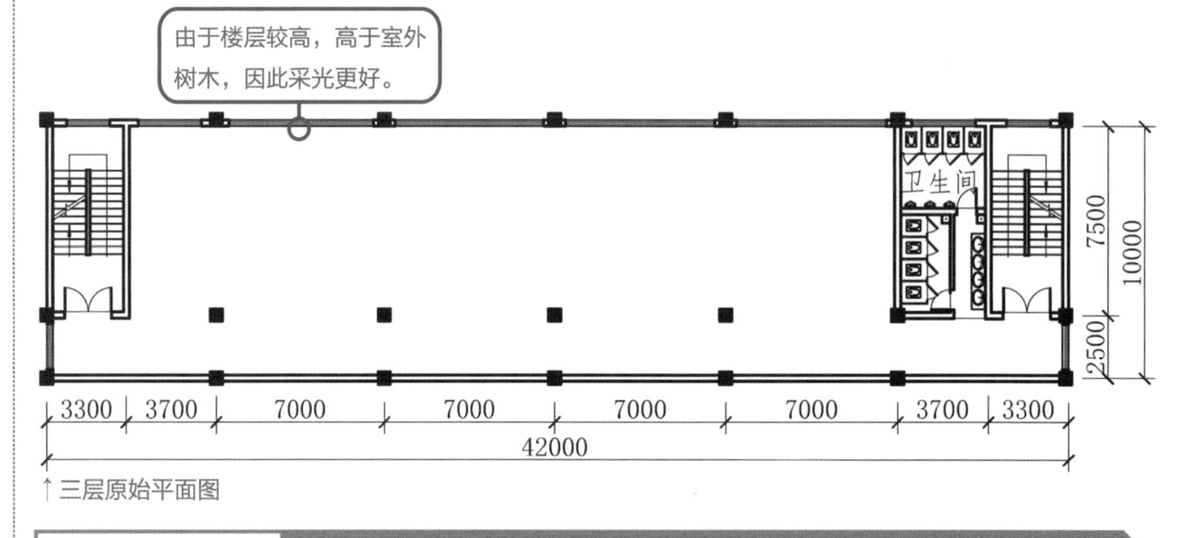

↑三层原始平面图

图解小贴士

厂房设计注意事项

1）使用功能合理布局。根据具体的使用面积来进行科学的划分，保证划分后的空间满足厂房生产要求。

2）隔断的选择。选用不同的材料进行隔断、分割。

3）地面材料的选择。尽量选择经久、耐用的材料，符合节约能源和保护环境的要求。例如防静电PVC等材料。

4）顶面材料。矿棉吸声板是厂房装修中常用的材料之一，被广大消费者认可。

2.厂房平面布局设计

厂房总平面布置应以生产工艺流程为依据，确定全厂用地的选址和分区、工厂总体平面布局和竖向设计，以及公用设施的配置，运输道路和管道网路的分布等。此外，生产经营管理用房和全厂职工生活、福利设施用房的安排也属于总平面布置的内容。解决生产过程中的污染问题和保护环境质量也是总平面布置必须考虑的。总平面布置的关键是合理地解决全厂各部分之间的分隔和联系，从发展的角度考虑全局问题。总平面布置涉及面广，因素复杂，常采用多方案比较或运用计算机辅助设计方法，选出最佳方案。

用房包括存衣间、厕所、盥洗室、淋浴室、保健站、餐室等，布置方式按生产需要和卫生条件而定。车间行政管理用房和一些空间不大的生产辅助用房，可以和生活用房布置在一起。

（1）一层平面布置图

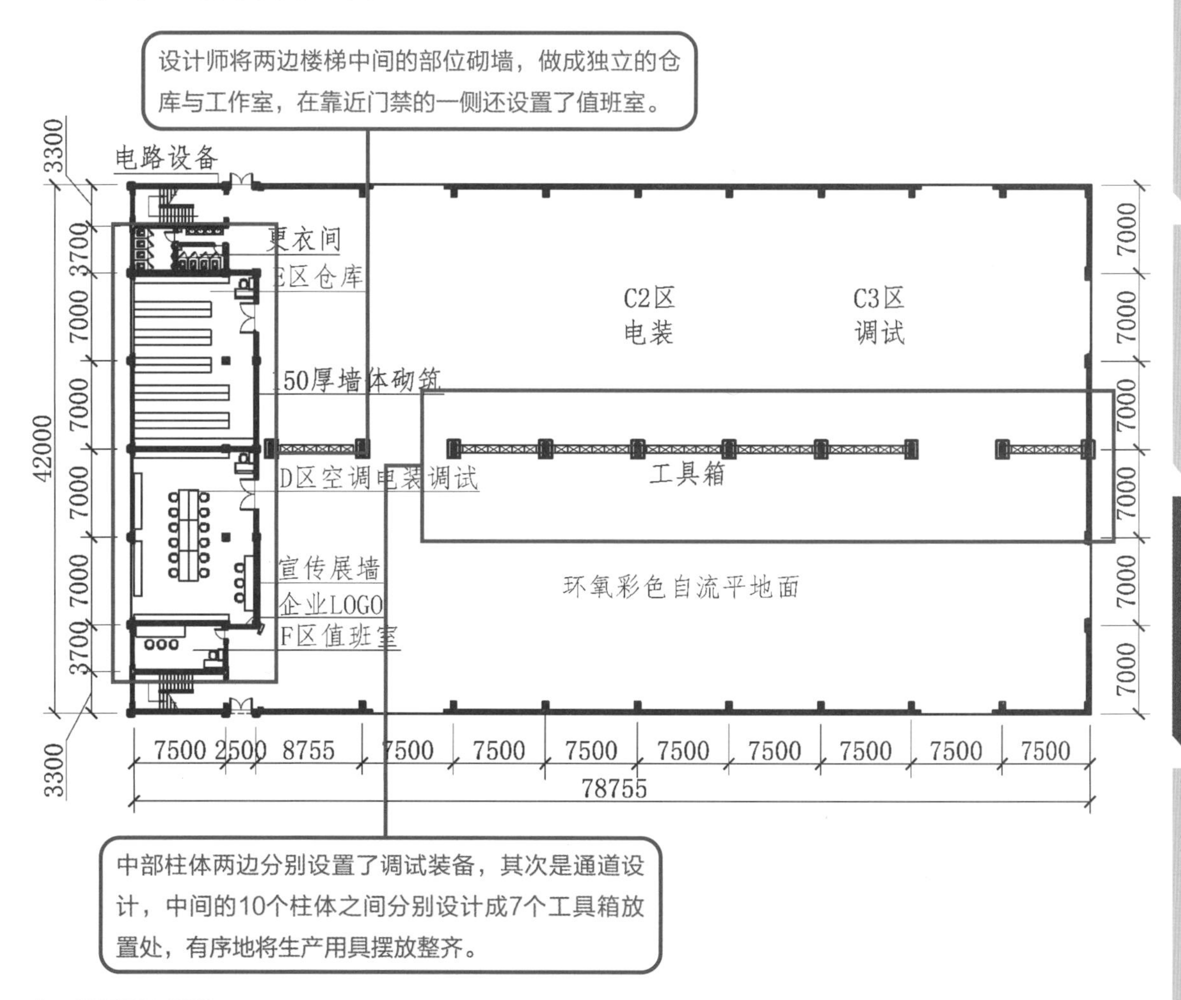

↑一层平面布置图

→环氧自流平地面是用无溶剂环氧树脂材料经过专业施工而成的高密度、高亮光、抗压耐磨、抗酸碱、抗老化、环保节能型的高端环氧树脂地面，被广泛使用于洁净工厂，无尘车间，无菌车间等地面装饰。在此次的厂房设计中，设计师将这一地面元素广泛使用到地面铺装设计中。施工人员在给不同工位涂刷不同颜色的环氧自流平地面，整体涂刷厚度为3mm。

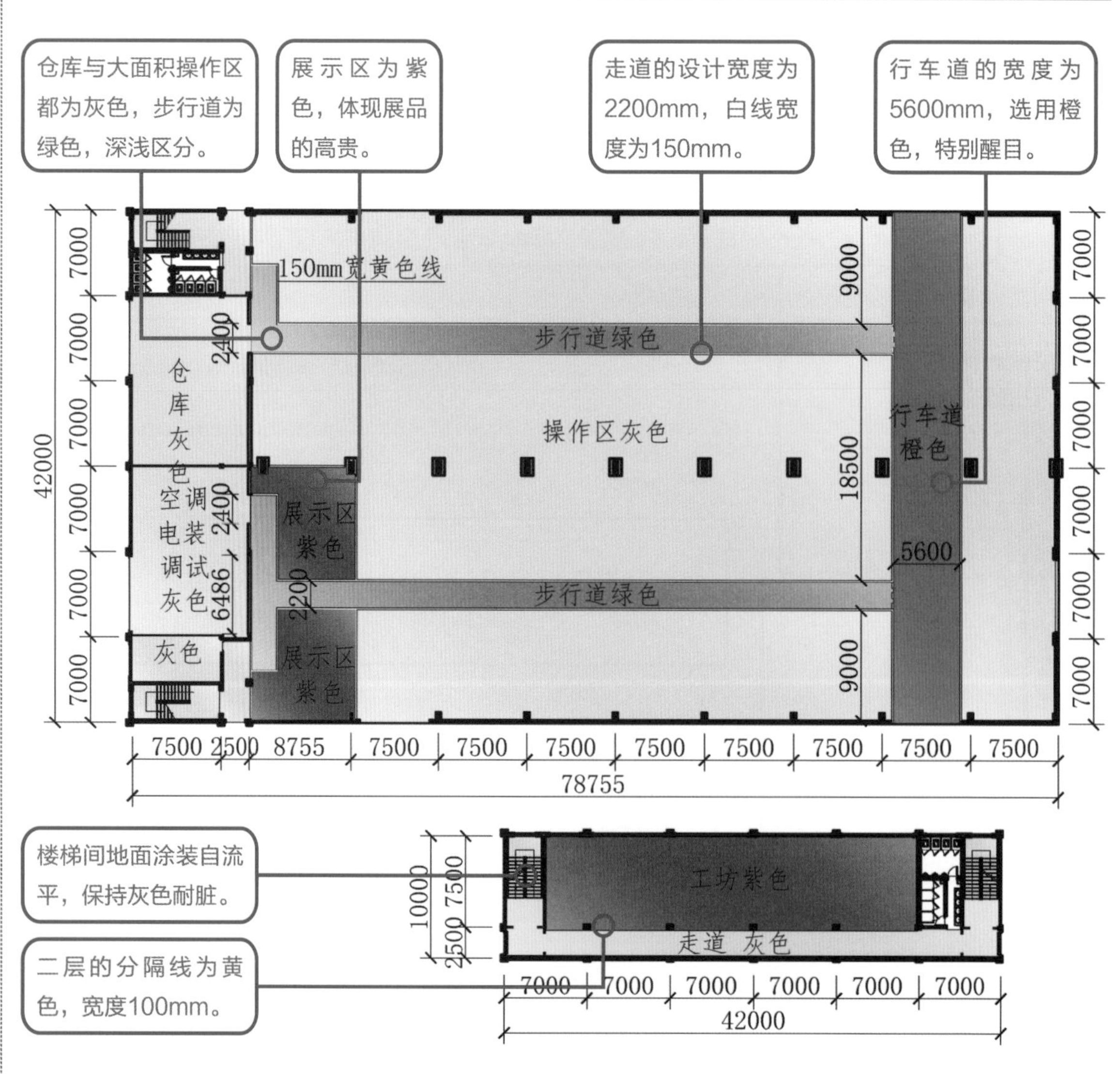

↑环氧自流平地面分色设计图

（2）二层平面布置图

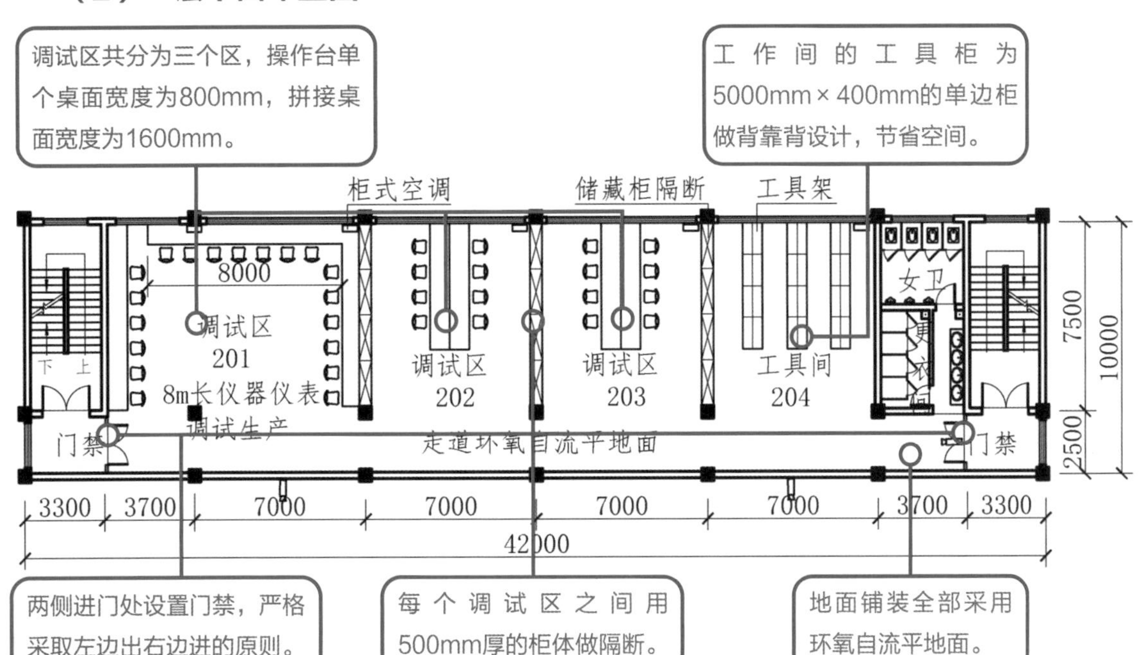

↑二层平面布置图

（3）三层平面布置图

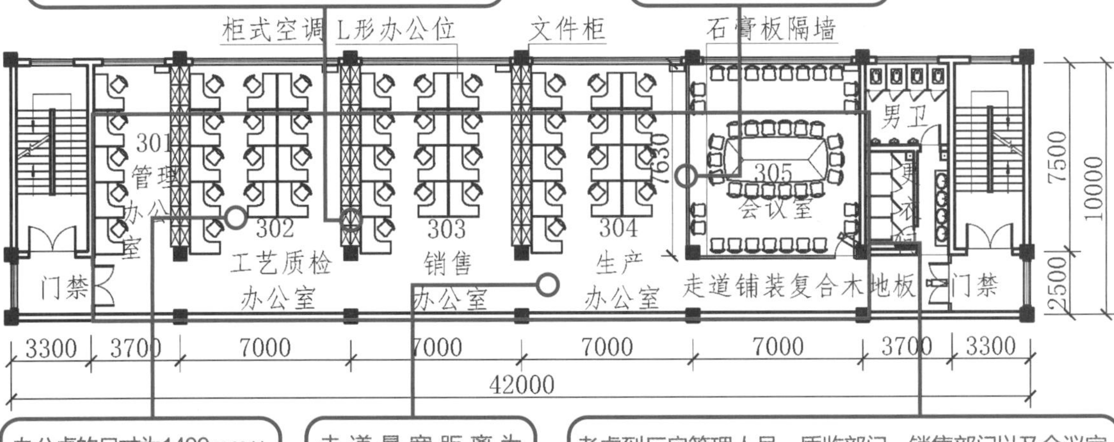

↑三层平面布置图

3.厂房照明设计

工业厂房照明主要是车间照明、厂房照明以及库房照明等，其中车间照明要求较高，一般为400～1000lx，厂房照明以200～300lx为佳，库房照明则为50～100lx。

工业照明应在达到一定照度的情况下保证工人的舒适度和安全性，做防眩处理。工业厂房照明通过水平、垂直或倾斜工作面上所需的观察对象的细节、颜色对比和表面质地材料来定义常规照明的等级，合理的常规照明使整个地面区域和工作面的照明等级达到均衡；要注意眩光的控制，做到光线直射到工作面上，不会导致直接或反射的眩光，可以采用具有舒适光色和良好显色性的光源，以光源隐藏式或者将光源与格栅、反射器合理搭配的方式照明。对于照度要求较高，工作位置密度不大，单独采用一般照明不合理的场所宜采用混合照明。

（1）一层照明布置图

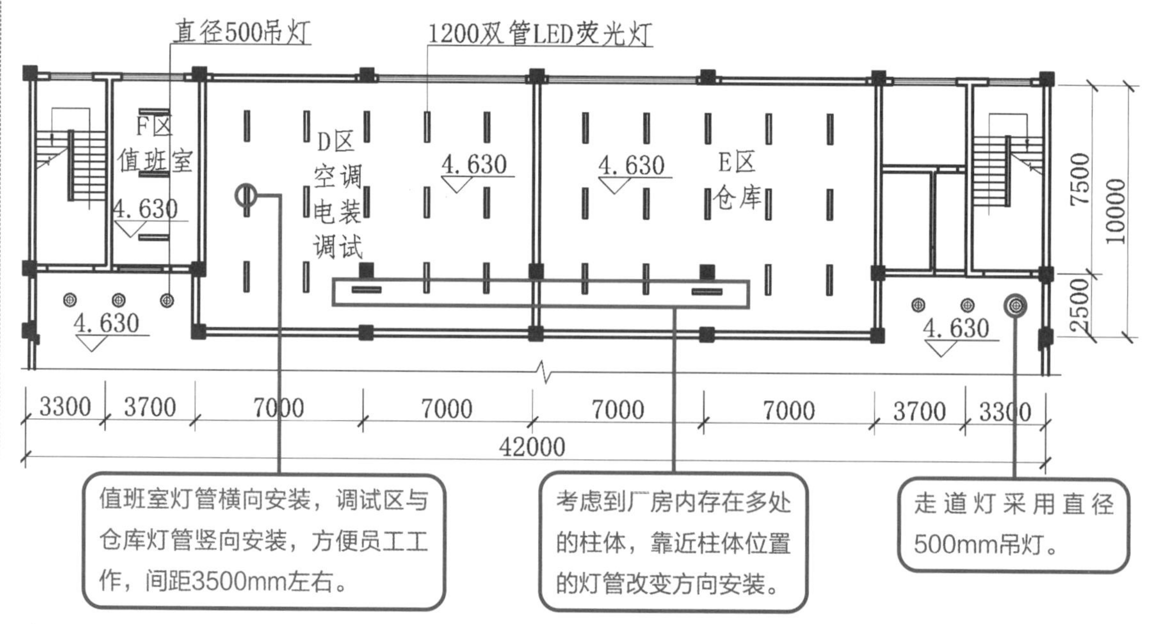

↑一层照明布置图

↑整体照明作为厂房中的主要照明来源，是保证工作人员正常工作的主要因素。

↑局部照明作为整体照明的补充照明，通常起到辅助照明的作用，能够照亮局部。

（2）二层照明布置图

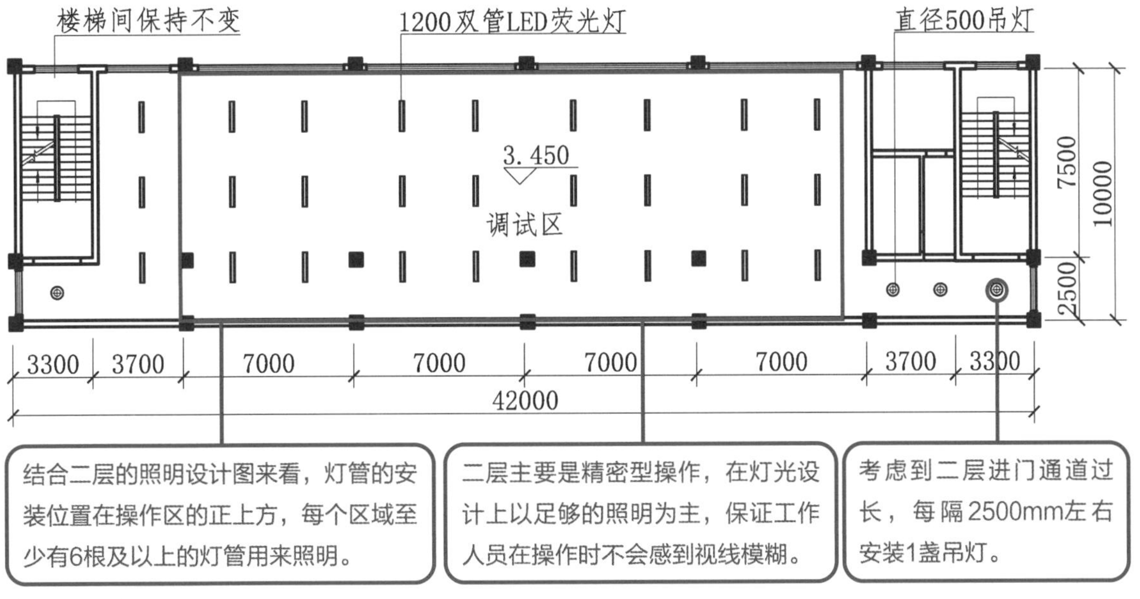

↑二层照明布置图

（3）三层照明布置图

与一层、二层不同，三层主要作为生产后期的管理区域，对于灯光、空间的要求相对来说没有严格的要求，能够满足正常的照明需求即可。

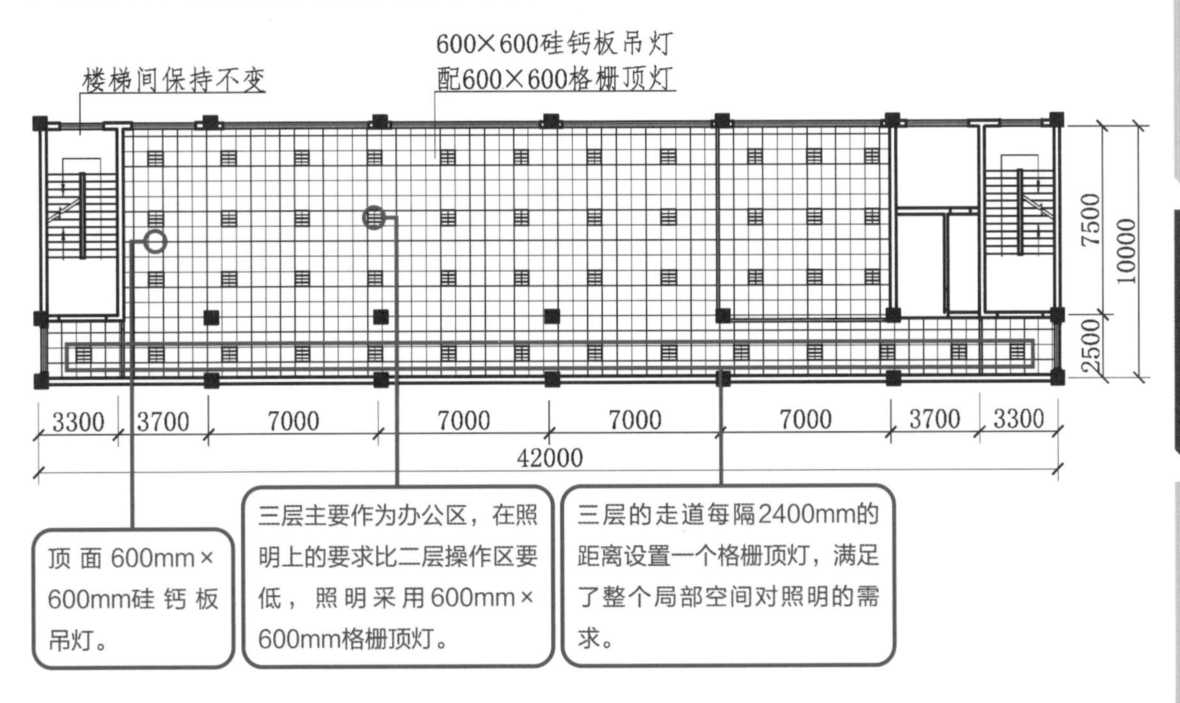

↑三层照明布置图

第6章 室外空间尺寸案例

识读难度：★★★★★

核心概念：尺寸分析、尺度范围、设计形式

章节导读：

空间设计包括室内空间与室外空间，由于人待在室内空间的时间较长，室外空间常常被人们所忽略，随着人们的生活节奏越来越快，更多的人在工作之余愿意走进室外空间，感受不一样的生活氛围，如自家的庭院、小区广场、公共花园等，都是不错的好去处。

6.1 室外空间里的尺寸秘密

与室内空间相比，室外空间的尺度与大小关系着人们对空间的向往与认识。以生活中较为常见的树池为例，树池作为承载花草树木的栖息地，首先能够保护地面，避免水土流失，其次是能够美化地面，造型多样的树池能够增强室外空间的美感，而将树池的高度提升后，树池还能作为日常休息的座椅。树池是功能性及观赏性极高的室外空间设计作品。

↑功能性树池一般面积大，可供短暂的休息、停留。

↑观赏性树池主要是保护地面、美化地面环境。

当在有铺装的地面上栽种树木时，应在树木的周围保留一块没有铺装的土地，通常把它称为树池或树穴。树池与地面相平，不可供休憩。树池本身作为一个视觉焦点，景观树池内部可以设计成铁艺箅子，或者种植地被。树池箅子是玻璃钢格栅中的一种，其本质就是玻璃钢格栅，因其使用场所而取名为树箅子。树箅子俗称护树板、树池盖板、树围子。树箅子被广泛应用于街道绿化，公园、道路两旁的树坑等场所。

↑圆形树箅子直径1200mm左右。

↑方形树箅子边长1200mm左右。

1.功能树池

根据围合形状的不同，树池可以分为规则式和不规则式。规则式的树池如正方形、多边形、梅花形等；不规则式的树池常具有独特的观赏性，如贝壳形、岛形、几何拼接式等。以规则式树池为例，在设计时主要考虑以实用性为主，在面积较小的空间内，方形树池更节省空间。

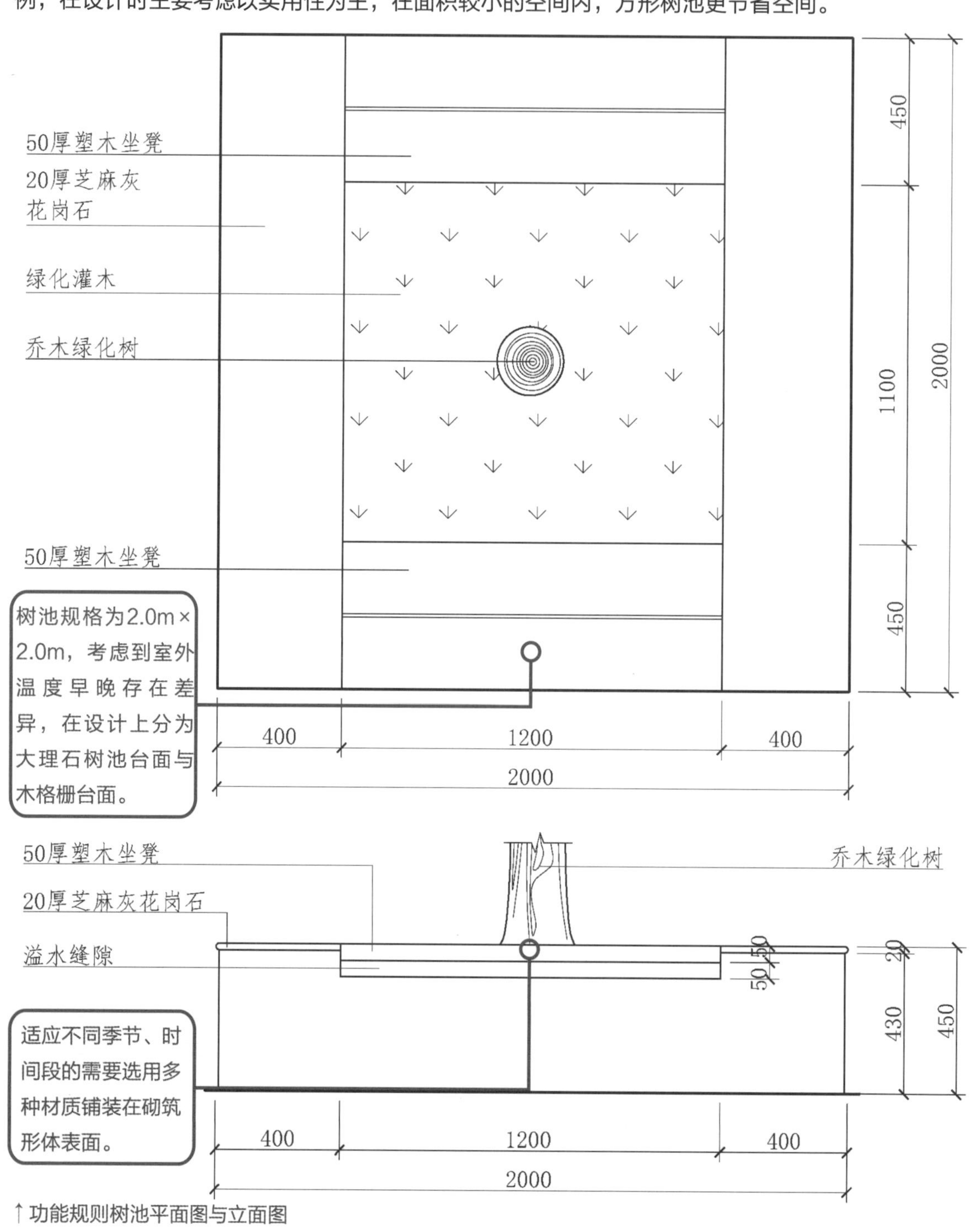

↑功能规则树池平面图与立面图

从树池立面图可以看出，树池高450mm，正好在人体坐下后屈膝的范围内。400～450mm的台面宽度符合人体坐下时所需要的椅面宽度，考虑到人在坐下时身体会前后的挪动，以及下雨天雨水对树池沙土的冲刷，树池台面在设计时需要有可溢水的缝隙。

↑规则式树池设计形式简单，尺寸可根据空间人流量设计。四周可坐人，功能性较高。

2.盖板树池

树池盖板主体是由两块或四块对称的板体对接构成，盖板体的中心处设有树孔，树孔的周围设有多个漏水孔。主要用于街道两旁的绿化景观树木的树池内起到防护水土流失，美化环境的作用。有菱镁复合、铸铁、树脂复合等多种材料制作的树池盖板。

←盖板树池上面排列着椭圆形孔槽，既可透光、透水，又能保护树木根系。安装树池盖板不仅可以很好地保护树木的根系，绿化基础设施，还能增加城市景观，方便卫生的打扫和清洁。

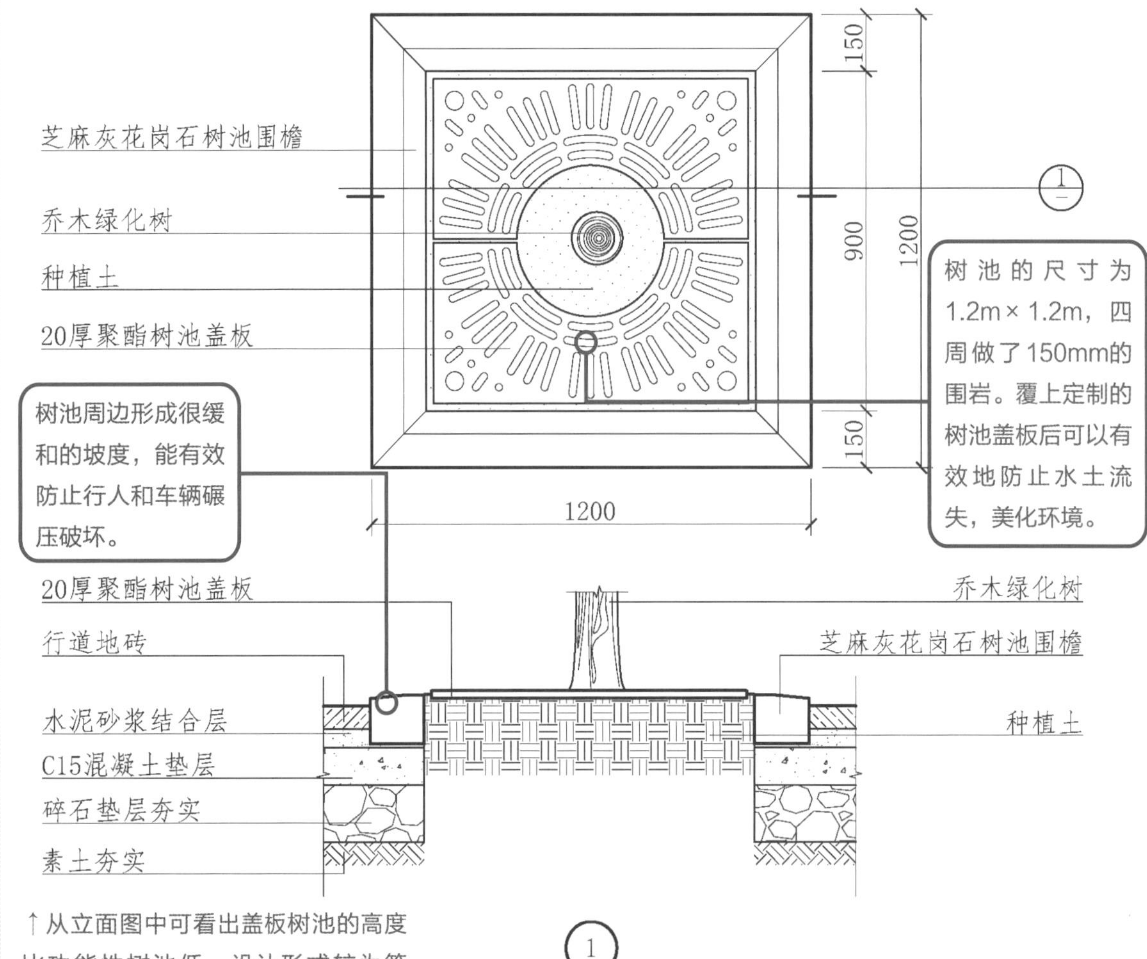

↑从立面图中可看出盖板树池的高度比功能性树池低，设计形式较为简单，主要对地面起保护作用，盖板的厚度为20mm。

3.移动树池

移动树池具有良好的性能，对于一些道路在设计规划时没有预留树池位置，移动树池是不错的选择，具有方便移动树池位置、移植树木等优势。相对于观赏性树池与功能性树池，移动树池的设计形式更为简洁。移动树池最常出现在广场周边，马路周边以及露天室内环境中，以其方便移动的特征广受喜爱。

↑移动树池

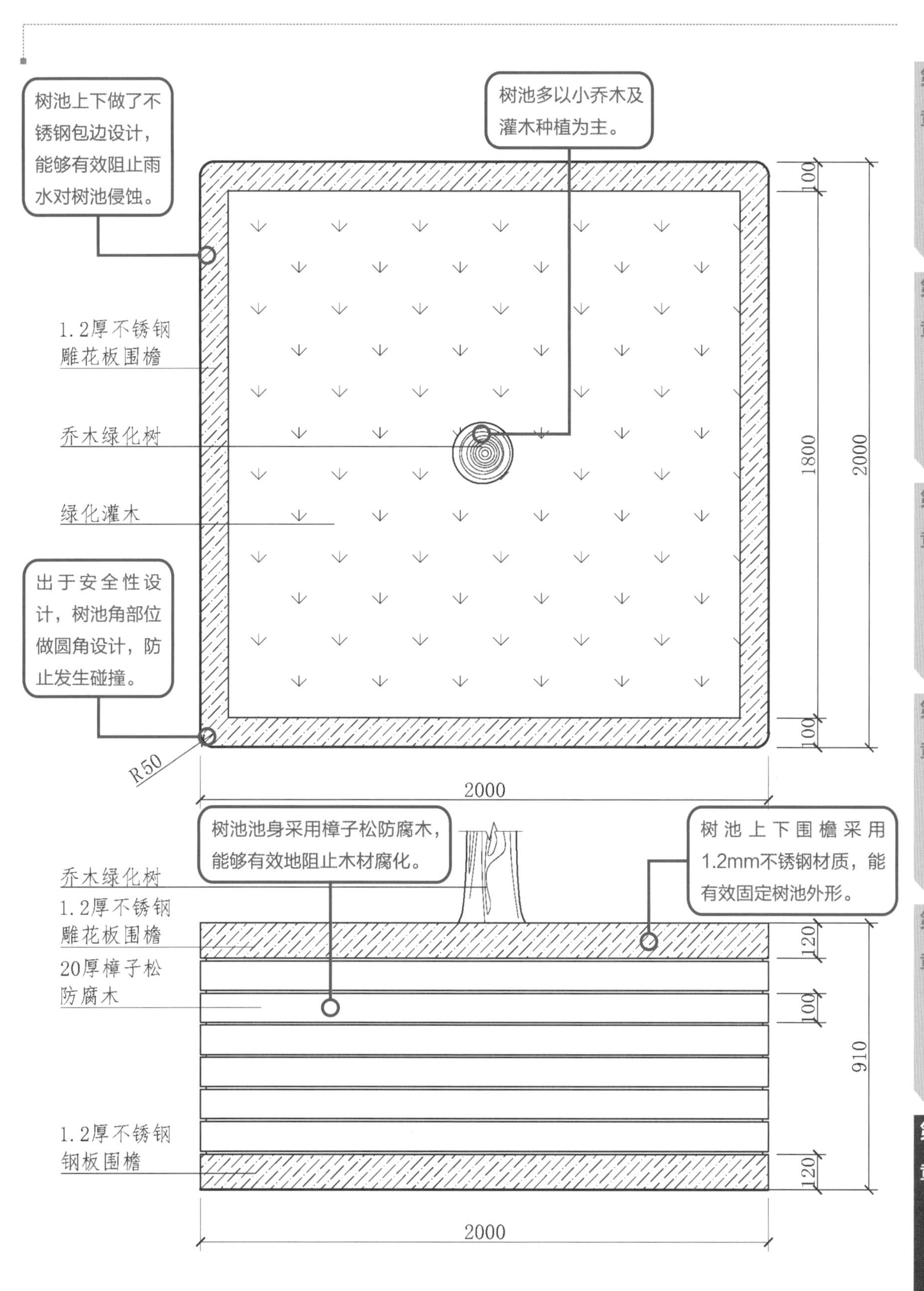

↑移动树池平面图与立面图

4.观赏与功能性树池

以不规则式树池为例，树池作为公园里的一处景观，同时也可以作为休息座椅供游玩者休憩，集艺术观赏性与实用性为一体。

↑树池的整体造型前宽后窄，看起来像动物脚掌，童趣性强。

↑从局部细节可以看出树池的层次感，外层为包边设计，中间为座面设计，最里层为凸起设计。

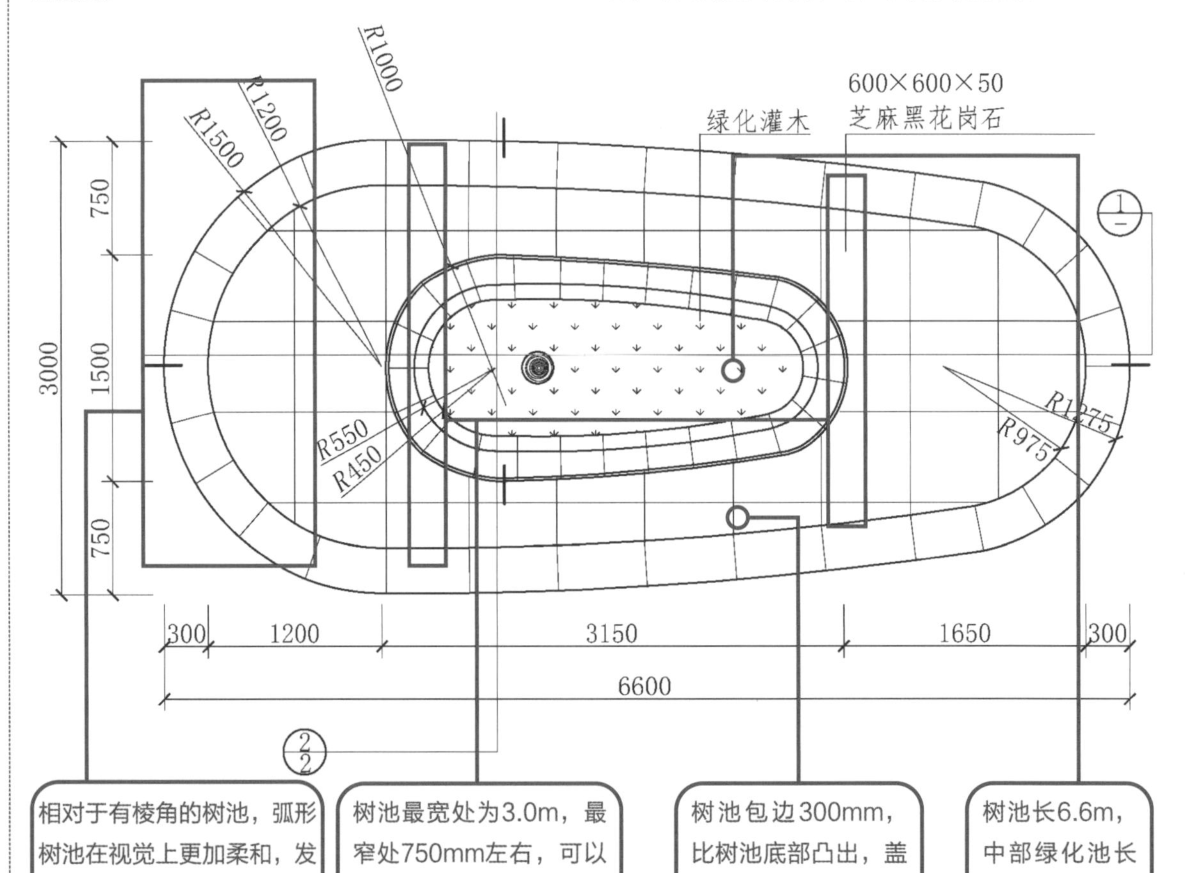

相对于有棱角的树池，弧形树池在视觉上更加柔和，发生碰撞的概率更小。

树池最宽处为3.0m，最窄处750mm左右，可以满足成人、孩童就座。

树池包边300mm，比树池底部凸出，盖住底部石材的切口。

树池长6.6m，中部绿化池长度为3150m。

↑观赏与功能性树池平面图

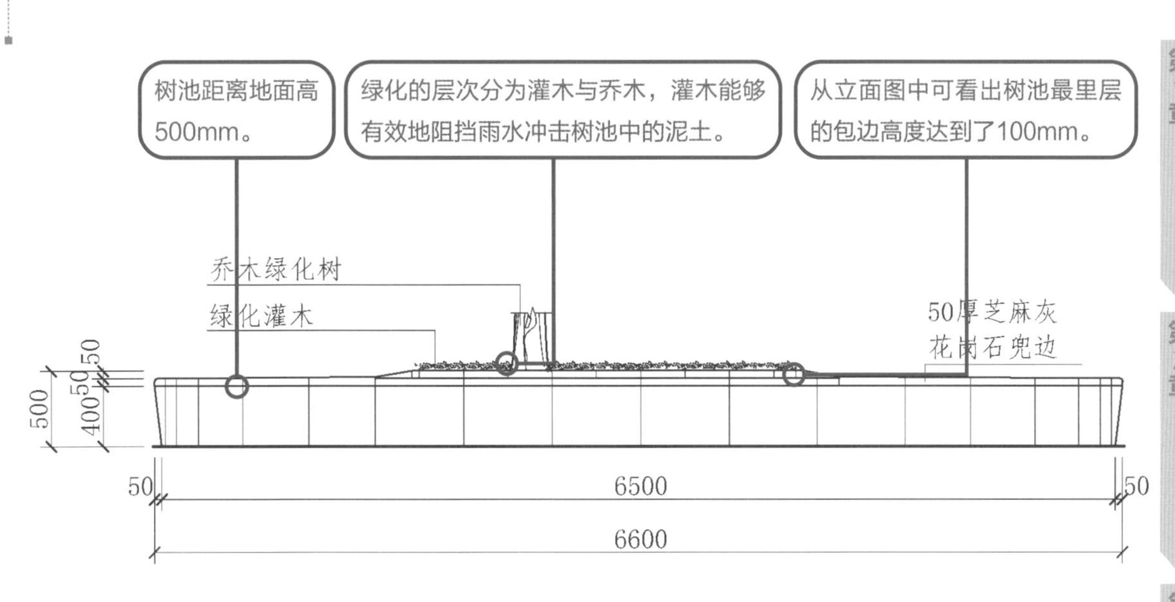

↑观赏与功能性树池立面图

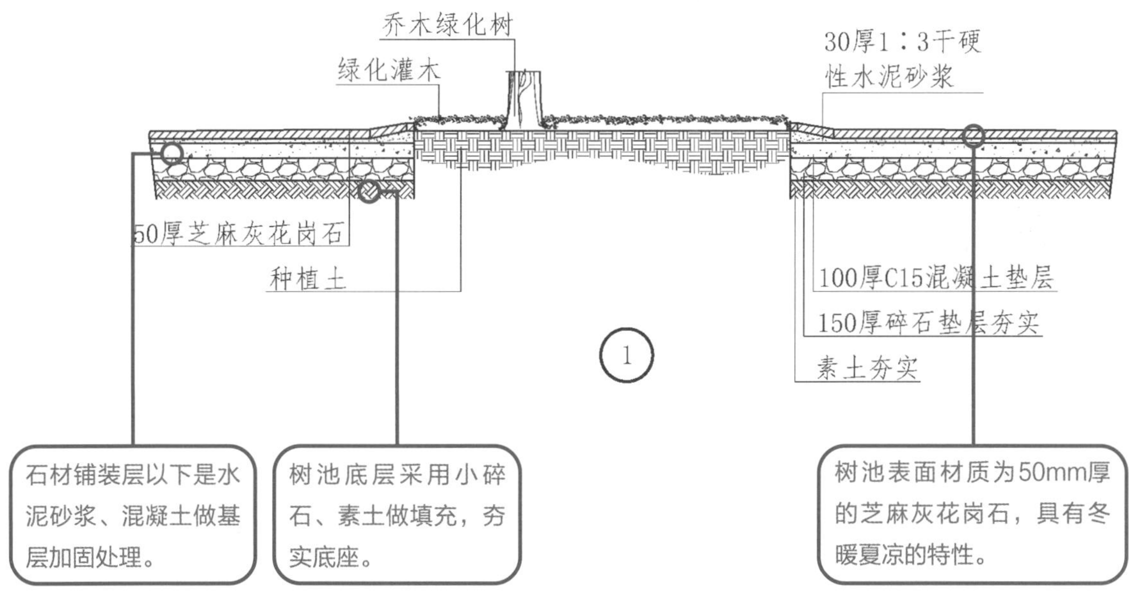

↑观赏与功能性树池剖面图

图解小贴士

树池设计处理方式

硬质处理是指使用不同的硬质材料用于架空、铺设树池表面的处理方式；软质处理则是指采用低矮植物植于树池内，用于覆盖树池表面的方式。一般北方城市常用大叶黄杨、金叶女贞等灌木或冷季型草坪、麦冬类、白三叶等地被植物进行覆盖；软硬结合是指同时使用硬质材料和园林植物对树池进行覆盖的处理方式，如对树池铺设镂空砖,砖孔处植草等。

6.2 庭院里的大与小

庭院是人们茶余饭后逗留的场所，无论是家庭庭院还是小区公共庭院，在一定程度上，庭院是大多数人的室外活动场所之一，而亭、廊是必不可少的“室外家具”，作为室外空间的主要设施，亭、廊的设计对于庭院来说十分重要。

1.长廊

中国古代建筑大多是木结构体系的建筑，所以长廊也大多是木结构的。木构的长廊，以木构架琉璃瓦顶和木构黛瓦顶两种形式最为常见。前者为皇家建筑和坛庙宗教建筑中所特有，富丽堂皇，色彩浓艳。而后者则是中国古典长廊的主导，或质朴庄重，或典雅清逸，遍及大江南北，是中国古典长廊的代表形式。

↑长廊位于建筑围合的庭院中，人在通行时容易到达这个位置。

20根立柱支撑着整个长廊的重量，每个柱体高2495mm。

地面抬高195mm。

长廊整高度2840mm。

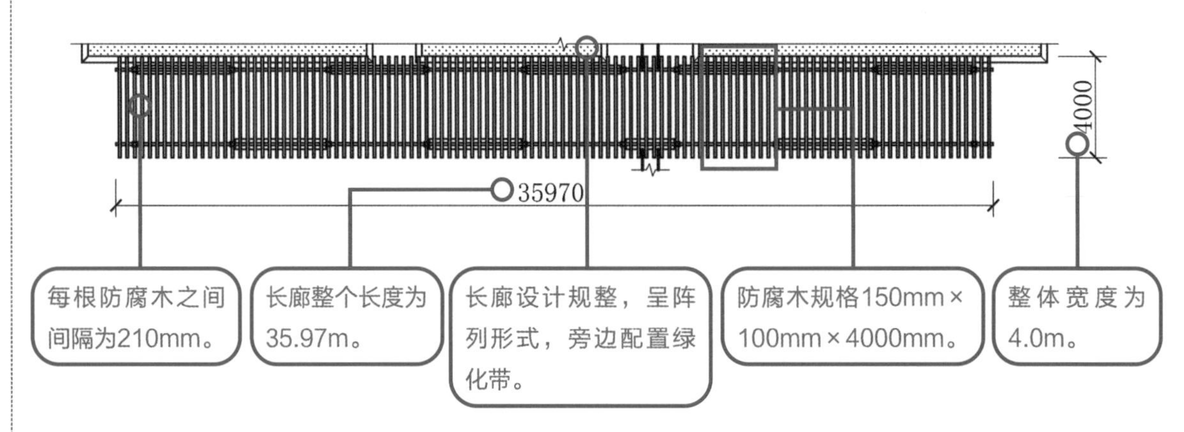

每根防腐木之间间隔为210mm。

长廊整个长度为35.97m。

长廊设计规整，呈阵列形式，旁边配置绿化带。

防腐木规格150mm×100mm×4000mm。

整体宽度为4.0m。

↑长廊顶平面图

↑ 顶部细节

↑ 柱体细节

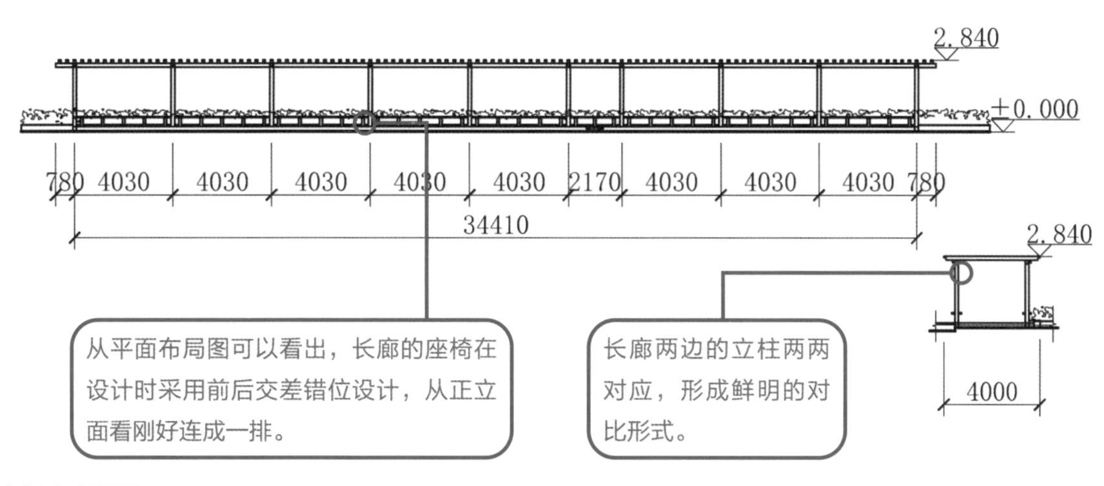

↑ 长廊立面图

图解小贴士

长廊设计要点

1）景观。当人坐在长廊内向外看时，长廊外要有观景价值，让入内歇足的人有景可观，让人流连忘返。

2）与周围环境相融合。从外观上看，长廊的色彩、材质、造型要与周围的整体环境相协调，融于景。

3）层次感。长廊对庭院视觉空间有扩张作用，也就是说，长廊的存在使庭院更具层次感。

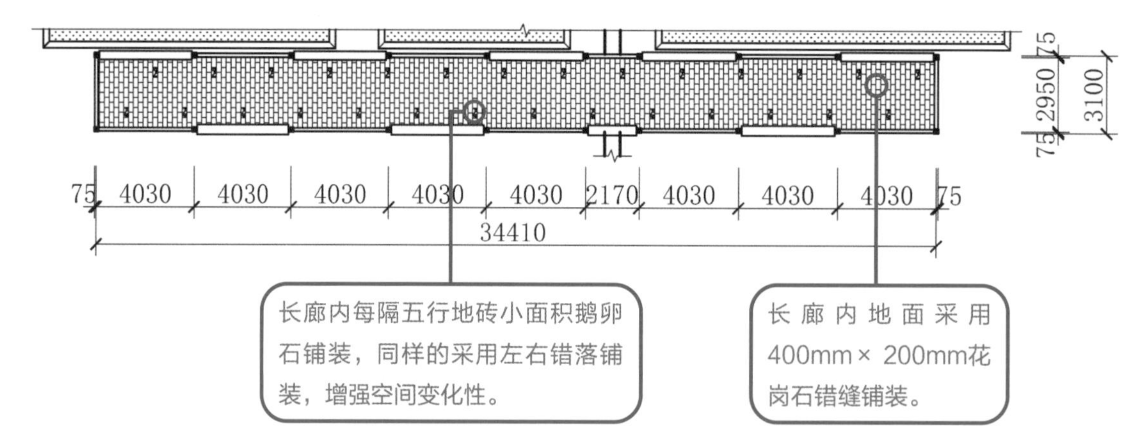

↑长廊底平面图

2.休闲凉亭

室外景观空间中的景观凉亭可以使整个室外空间层次丰富，富有变化。凉亭可供人在内行走，可起到引导游览的作用，也可供游人停留休息、赏景、遮阳、避雨，同时又可分割空间，是组织景区各类空间的重要手段。凉亭具有适宜的通透性，既能围合空间，又能分隔空间，使空间化大为小，但又隔而不断。

↑休闲凉亭正立面全貌

↑休闲凉亭斜侧面全貌

图解小贴士

凉亭的类型

1）平地亭。是指在平坦的地形上建亭，在设计凉亭时应争取更多的变化，若是没有什么变化，就会显得平淡无味，但又不能任意曲折，应合情合理地在统一中寻求变化。

2）山地亭。凉亭因地形蜿蜒高低可以形成爬山亭，可将山地上不同高度的建筑连接成通道，可避雨遮阳。山地凉亭讲究随山就势，高低错落、起伏跌宕。

3）水亭。建在景观水体岸边，为游人提供在水边休息的场所。水亭为求得水面倒影与紧邻水面的效果，要尽可能靠近水面，若部分挑入水面，临水效果更好。

在这里主要讲室外凉亭。高层住宅的室外凉亭和公共建筑的过道净宽，一般都大于1.2m，以满足两人或多人并行的宽度需求。通常其两侧墙中距为1.5~2.4m，再宽则是兼有其他功能的凉亭。凉亭的平面布局要自由曲折，可使游览路线延长，增加更多的可观赏的内容，但要曲之有理，曲而有度，不能为了曲折而曲折。

凉亭结构

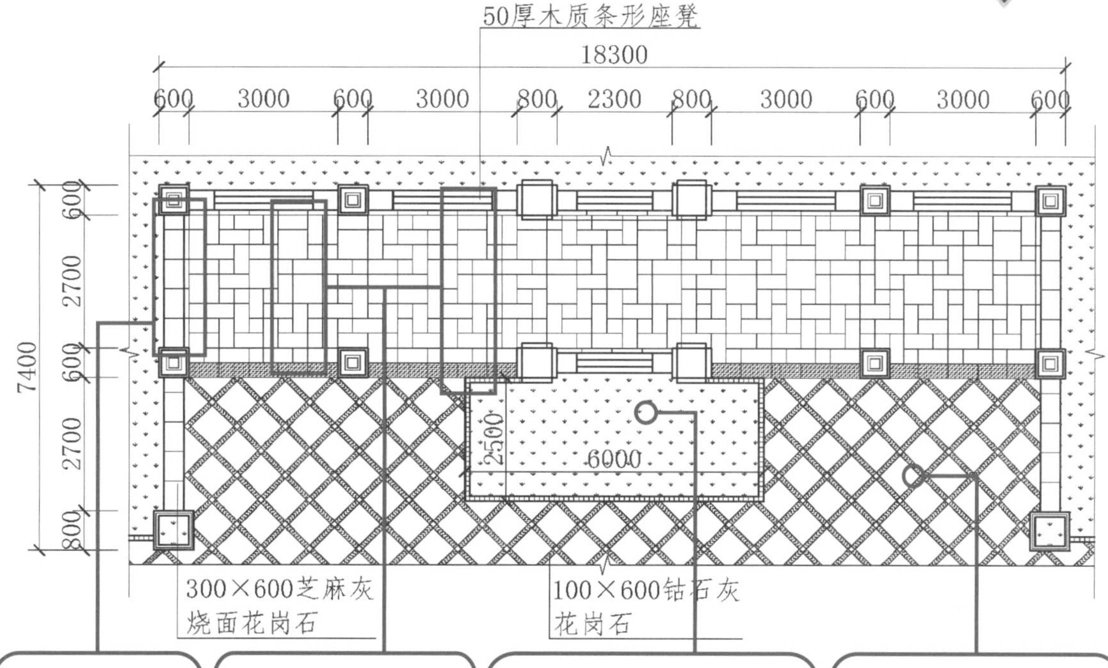

↑凉亭底平面图

↑凉亭里面采用300mm×600mm钻石灰花岗石与600mm×600mm黄麻钻花岗石拼接设计。

↑凉亭外以100mm×600mm钻石灰花岗石包围着300mm×600mm芝麻灰烧面花岗石设计。

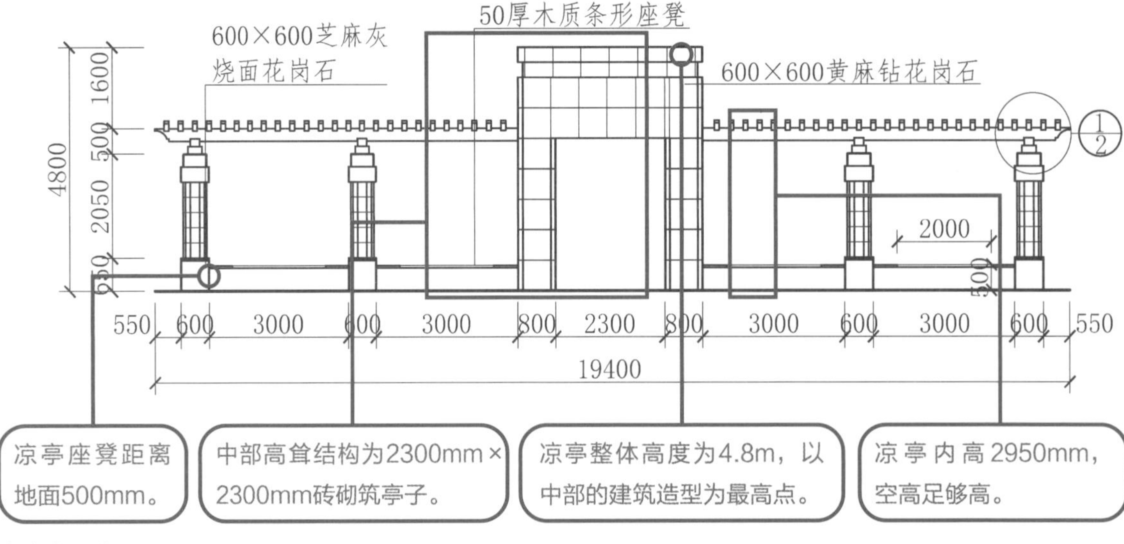

↑凉亭正立面图

凉亭的顶部以50根大小、形态相同的防腐木铺设，左右两边均分，形成对称式的中式凉亭，中部以遮阳亭作为重心。小区凉亭人流量大，在设计时都要适当宽一点或采取变换宽窄的手法加以处理，避免又长、又黑、又闷、又窄的过道，但也不能无原则加宽，白白浪费建筑面积。

凉亭整体长度达19.4m，能满足日常散步，通常人的步行疲劳距离一般为20～30m。

正方形的亭子才是这个建筑的主要功能结构，边长3900mm的结构尺寸，能满足4～5人停留。

4300
3400
450
450
7750
3900
7750
19400

顶面采用100mm×200mm×4300mm防腐木均匀摆放。

整个长廊规格19400mm×4300mm，在设计时廊的长短，是否采光等因素都对后期使用起到影响作用。

↑凉亭顶平面图

长廊设计是室外空间中的重点设计，不管是小区内部长廊，还是广场休闲长廊，或是文化长廊，在设计时都需要结合周围建筑及景观做整体规划。

↑座凳采用与顶面同色系座板，上下形成呼应，加强空间的联系。

↑照明是室外空间设计一大亮点，艺术灯在白天可作为装饰设计，设计时需要做好防晒防水措施。

↑顶部以防腐木做栅栏式处理，不会遮挡冬日阳光照射进来，在视觉上更加的轻盈、透亮。

↑长廊柱体以芝麻灰烧面花岗石、黄麻钻花岗石做贴面处理，展示出石材原有的色彩。

图解小贴士

室外走廊设计注意事项

1）走廊要简洁平缓，尽量避免弯曲转折和突起突落，地面不得打滑或有磕碰人的障碍物。走廊上如有少于3阶的踏步时，应改为带防滑措施的斜坡，其坡度不应大于1/10。

2）走廊在有凸出物的最窄处仍应能满足疏散的需要。

3）走廊两侧的隔墙应为耐火极限不小于1h的不燃烧体；隔墙应砌至梁、板底部，并填实全部空隙；顶棚和墙面的装饰材料应采用不燃烧体或难燃烧体材料。

6.3 广场的空间尺度感

如今广场正在成为城市居民生活的一部分，它的出现被越来越多的人接受，为我们的生活空间提供了更多的物质线索。城市广场作为一种城市艺术建设类型，它既承袭传统和历史，也传递着美的韵律和节奏。它是一种公共艺术形态，也是一种城市构成的重要元素。而在广场空间设计中，众多设计元素成为设计中不可缺少的因素。

↑休闲广场

↑文化广场

1.喷泉景观

喷泉设计以简洁明快、高低错落、层次分明、气势恢宏而又多变的造型深受室外空间设计者的喜爱，搭配上灯光后异彩纷呈。喷泉由多种喷头组成花式，予以各种大景观呈现，变化多而丰富。喷泉具有水型气势宏大，表演变化丰富等特征，通过高科技手段，编程和艺术创新，能展现出震撼人心的空间奇妙景观。在商业空间内的水体设计需要从多个角度设计，主要是人身安全设计，喷泉不能设计得太高或者水位太深，以防止出现儿童溺水现象。

↑喷泉在外形上采用对称式设计，整体感强烈。

↑喷泉共分为三层，形成阶梯一层层过渡。

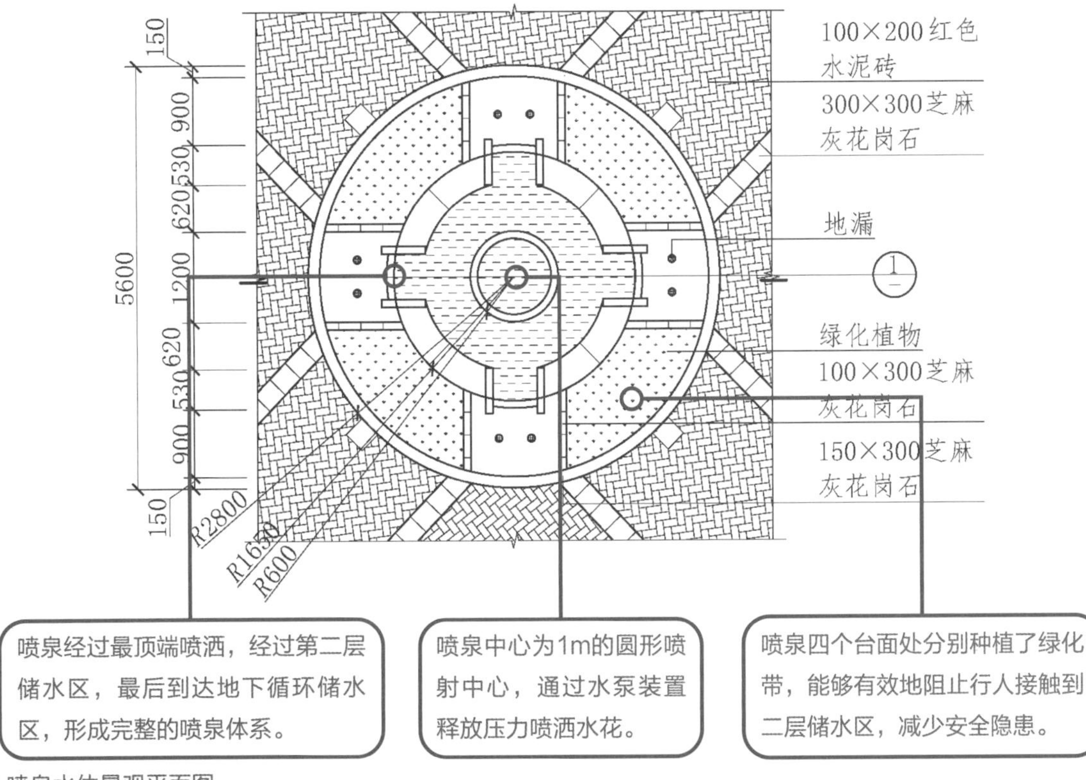

↑喷泉水体景观平面图

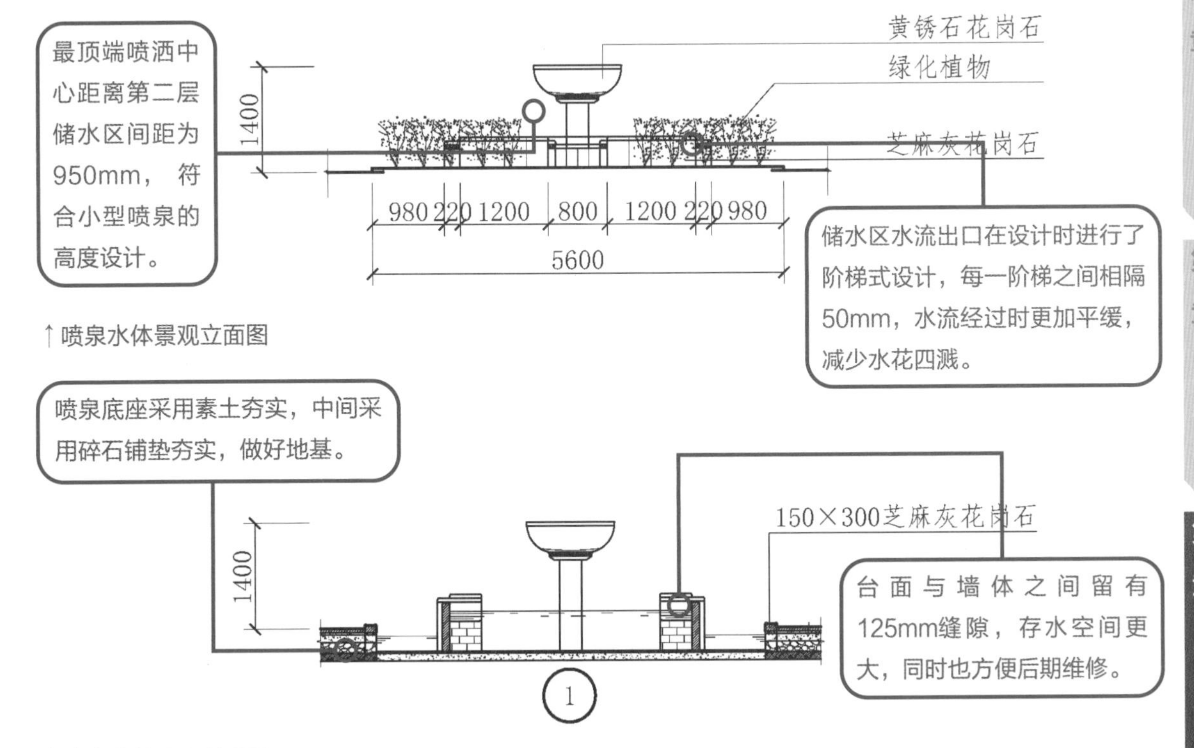

↑喷泉水体景观立面图

↑喷泉水体景观剖面图

图解小贴士

树池与亲水空间设计

树池承担着保护植物的功能，也可以变成一种视觉的焦点。它不但能作为单独的造景出现，也能与座凳、水体、铺装等相互结合形成特色景观。另外一种视觉享受，是水中的种植池，有树有草有石，一圈外围随型而置的灯光，好似珍珠散落。

↑三层设计的喷泉立体感十足，与周围的欧式建筑相得益彰。

↑台面的材质以黄锈石花岗石为主，地基以芝麻灰花岗石为主。

↑喷泉在细节上大多采用对称式设计，层次感更强。

↑喷泉水流经过层层更迭，水流更加平稳，经过层层循环，喷泉保持活力。

2.休闲亭

对于偌大的广场来说，一个遮蔽阳光、风雨的地方是必要的场所，夏日烈日当空，有能够临时躲避骄阳的地方再好不过；或是在此进行有益身心的活动，例如下棋、看报等，都是不错的选择，而休闲亭是最好不过的设计，既能遮蔽风雨，也能遮挡骄阳。

↑从正面可以看出休闲亭是一座有弧度的亭子，设计结合了中西方的精髓。

↑从背面看，亭子由底座、镂空雕花隔断、防腐木与中空玻璃共四层组成，形成具有层次感的休闲亭。

↑休闲亭中空玻璃与柱体之间以ϕ40不锈钢玻璃接爪进行无缝连接，让玻璃稳稳地固定在框架上。

→框架采用100mm×100mm型钢为基材，支撑起整个顶面中空玻璃与防腐木的重量。

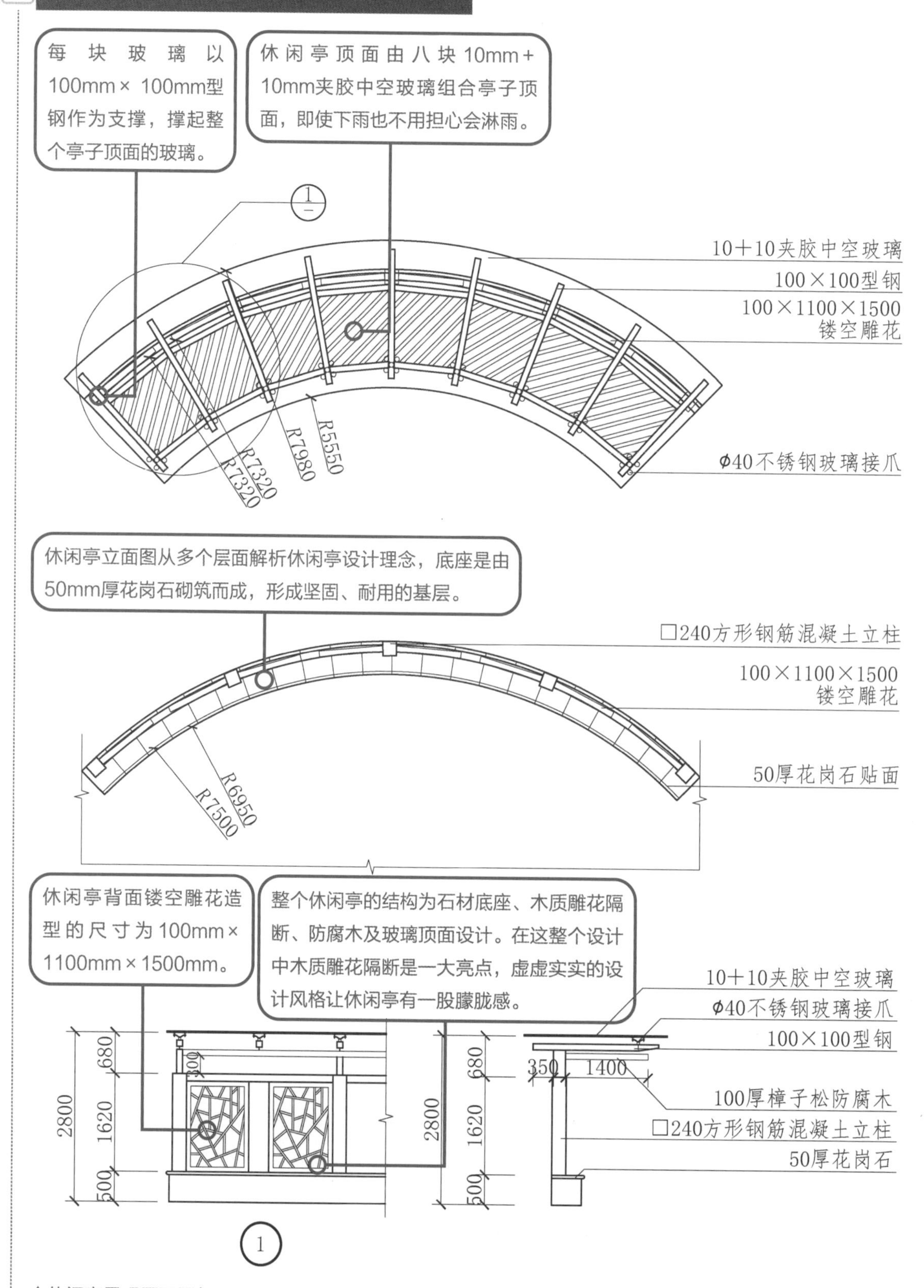

↑休闲亭景观平面图与顶面立面图

↑亭子底部为500mm的座面设计，既是整个休闲亭的地基，也是供游人坐下休息的地方。

↑休闲亭隔断以虚实相间的设计，坐在里面的人可以眺望远方，也可隐匿其中。

↑每两扇隔断之间间隔350mm，与顶面防腐木相隔300mm，隔断被钢筋混凝土立柱包围，坚固性强。

↑木质雕花隔断与顶面防腐木在色彩上形成对比设计，底座在设计上保留了石材的原始风貌。

↑每两面木质雕花隔断中以1260mm×240mm×240mm的钢筋混凝土立柱做支撑。

3.步道

在广场空间设计中，人行步道设计显得至关重要，人们在广场中锻炼身体、悠闲散步、踏青等活动都需要有良好的路况，才能保障人们在广场空间中的安全性及可行性。步道是只可步行而不能通车的小路，也可指马路旁的人行道，也可以是绿色景观线路，可供游人和骑车者徜徉其间，形成与自然生态环境密切结合的带状景观斑块走廊。步道可以将广场内的每一处景点、中心地带进行衔接。

↑步道是广场的重要组成部分，能够引导游人前往各个景点，也可以起到分散广场上人流的作用。

↑踏步在上升式与下沉式广场中较为常见，在设计时踏步的长度、高度、宽度尺寸十分重要。

在广场的每一个景观设计中，主游路是道路的躯干，对景点有着承上启下、功能分割的功能。次游路是景观中的枝干，是主游路分出后的每一个分支结构，起着分散人流的作用。只有游步道才是真正起着引导游人深入景点的道路，是一道完全可使人们融入到大自然景观的道路。很明显地可以看出这条步道是主干路的一条分支，设计师更多地结合了步道设计原理，将完全性与可行性贯穿到整个广场步道设计中，形成具有自身特色的步道设计。

↑步道宽1600mm，采用100mm×200mm×50mm规格的灰色水泥砖，使用工字铺地工艺，每块砖之间留有一定的缝隙，因早晚室外温差大，根据热胀冷缩的原理设计，减少温度对地面砖的损害。

↑踏步台面规格为300mm×500mm×50mm，每阶踏步上升高度为180mm，根据行业有关规定，室外踏步台阶的宽度一般为300～350mm，踏步高度不宜大于150mm,踏步过高时人体在抬脚时幅度过大。

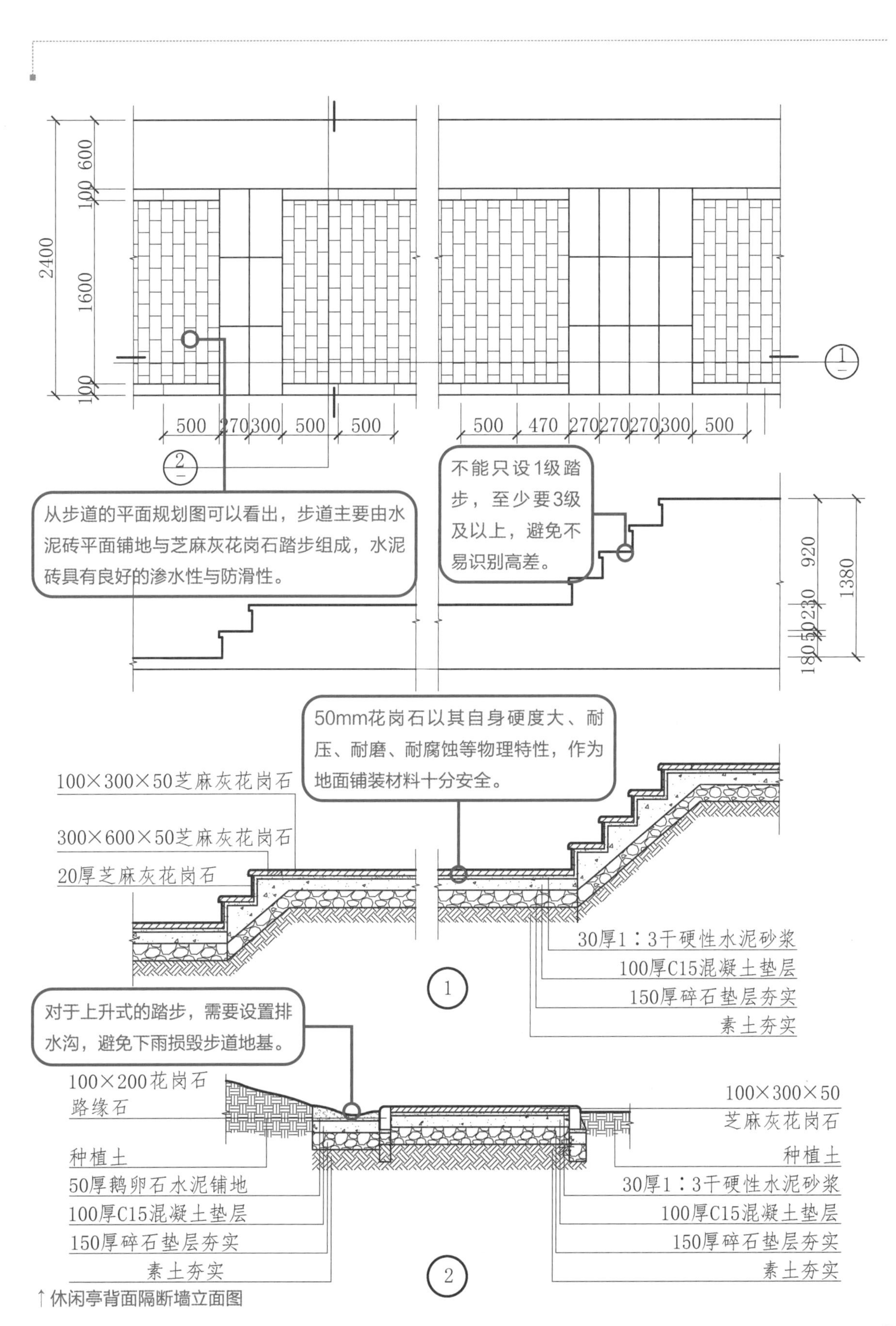

↑休闲亭背面隔断墙立面图

6.4 坐与站究竟有多难

在室外空间中，除了休闲亭、步道、雕塑、喷泉、树池等设施设备外，座椅也是室外空间设计的重点，人们在散步、娱乐、观赏活动结束后都需要一个可供做临时调整身心的场所，座椅是人们休息的不二选择。而在一些室外空间中，有的座椅十分受欢迎，而有的座椅布满灰尘，像是被人遗弃的某种物品一样，导致这种情况发生的原因又是什么呢？这些问题都需要在设计中去发掘。

↑创意座椅

↑休闲座椅

这两处室外座椅中，大多数人在看到后的第一眼选择的是左图的座椅，颜色鲜明、线条曲折而富有变化性的座椅迎合多数人的喜爱心理，而右图中的座椅看起来十分的稳固，加之没有变化性的造型，成为人们的第二选择。但是在实际体验中，右图中的座椅舒适度更高，木材冬暖夏凉的特性让人坐着很舒服，加之稳固性高，即使左右移动也不会咔咔作响；而左图中座椅的材质是铝制材料，坐上去十分的顺滑，经过风吹日晒后有部分地方开始凹凸不平，体验感较差，而高低不同的座面，很难让人坐得舒适。

↑座椅的椅面由55mm×55mm×1500mm的菠萝格防腐木按顺序排列组成，与周围的环境相协调。座椅的主体部位由2mm厚钢板左右交差组合，支撑着整个椅面的重量。

↑底部使用5mm厚钢板做支撑，同时使用规格为5mm的螺钉固定钢板与主体框架，分别在座椅的三分之一处使用条形钢板进行加固处理。

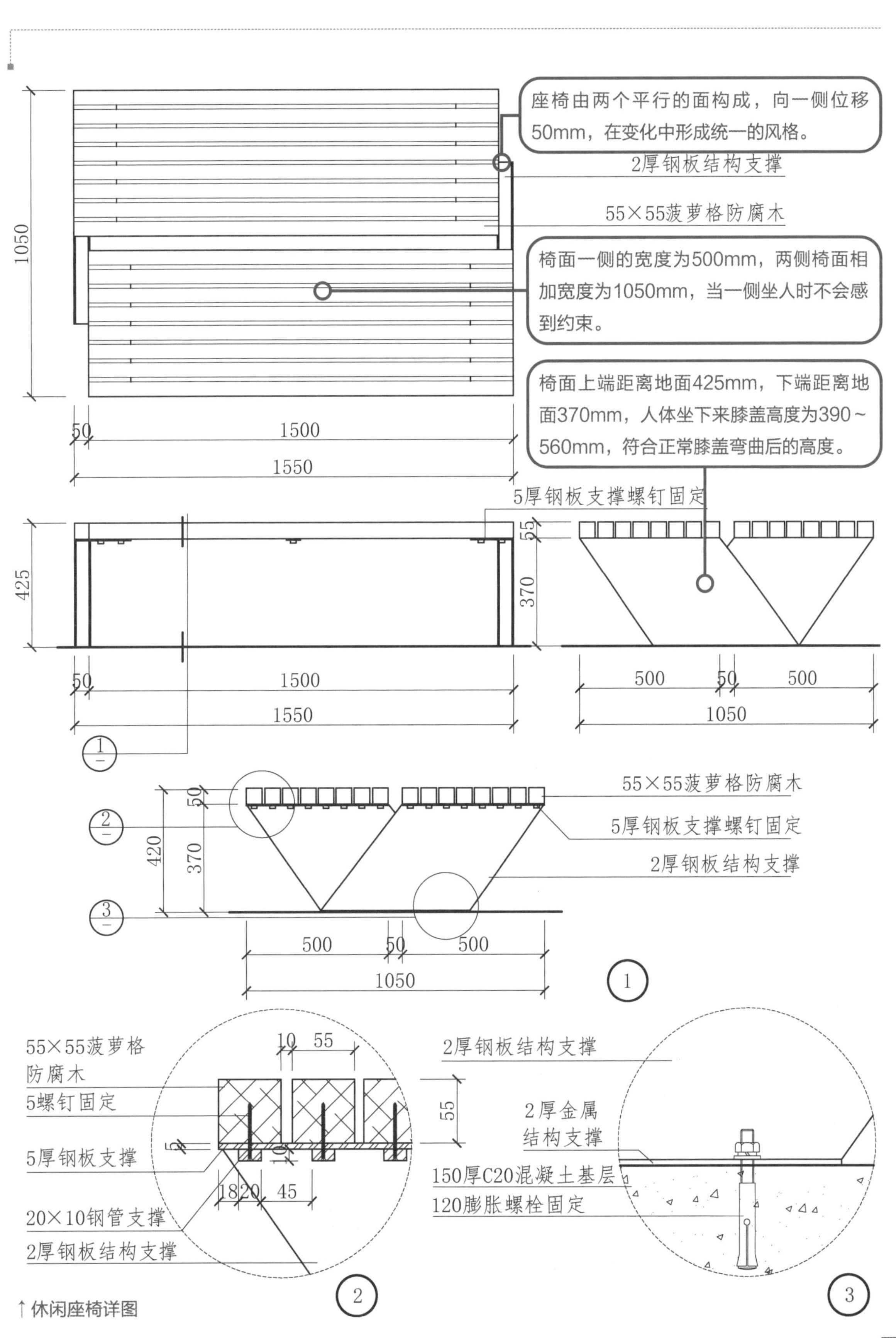

座椅由两个平行的面构成，向一侧位移50mm，在变化中形成统一的风格。
2厚钢板结构支撑
55×55菠萝格防腐木
椅面一侧的宽度为500mm，两侧椅面相加宽度为1050mm，当一侧坐人时不会感到约束。
椅面上端距离地面425mm，下端距离地面370mm，人体坐下来膝盖高度为390～560mm，符合正常膝盖弯曲后的高度。
5厚钢板支撑螺钉固定
1050
50
1500
1550
425
55
370
500
1050
55×55菠萝格防腐木
5厚钢板支撑螺钉固定
2厚钢板结构支撑
420
55×55菠萝格防腐木
5螺钉固定
5厚钢板支撑
20×10钢管支撑
2厚钢板结构支撑
2厚钢板结构支撑
2厚金属结构支撑
150厚C20混凝土基层
120膨胀螺栓固定

↑休闲座椅详图

吸取上图设计的不足之处，设计师将休闲座椅进行了调整设计，将双向式的座椅改为带靠背型的座椅，增强了公共空间的私密性，在设计上更加注重人体的直观感受。

↑椅子整体材料为150mm×1440mm樟子松防腐木与2mm厚钢板做整体设计。

↑靠背采用两片防腐木设计，中间用长钢板条做加固，加强承重性能。

↑椅子靠背高度为420mm，椅背高度为470mm，整个座椅长1500mm，可供2~3人就座。

↑从立面看，椅子座面与椅背之间呈95°倾斜，仰着坐时更加舒适。

↑椅子座面上板材之间的缝隙宽度为50mm。

↑底部有横向加强支撑金属构件。

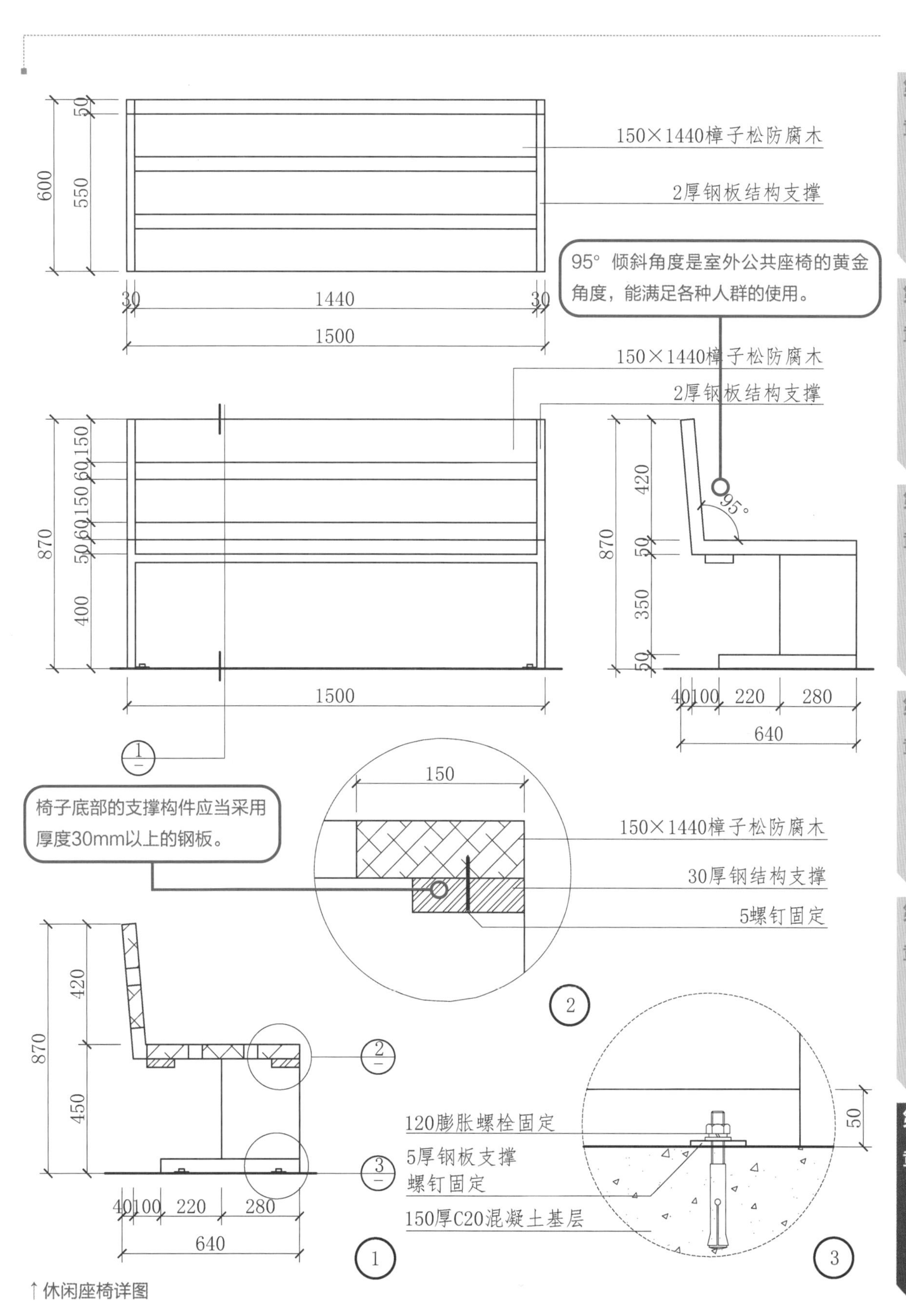
150×1440樟子松防腐木
2厚钢板结构支撑
95° 倾斜角度是室外公共座椅的黄金角度，能满足各种人群的使用。
150×1440樟子松防腐木
2厚钢板结构支撑
椅子底部的支撑构件应当采用厚度30mm以上的钢板。
150×1440樟子松防腐木
30厚钢结构支撑
5螺钉固定
120膨胀螺栓固定
5厚钢板支撑
螺钉固定
150厚C20混凝土基层

↑休闲座椅详图